# 修炼性感女人

织锦纯平 著

江苏美术出版社

图书在版编目（CIP）数据

修炼性感女人 / 织锦纯平著 . -- 南京 : 江苏美术出版社 , 2013.5
ISBN 978-7-5344-5698-5

Ⅰ . ①修… Ⅱ . ①织… Ⅲ . ①女性－修养－通俗读物
Ⅳ . ① B825-49

中国版本图书馆 CIP 数据核字 (2013) 第 043026 号

**出 品 人** 周海歌

**策划编辑** 刘晓娟
**责任编辑** 曹昌虹
**责任监印** 朱晓燕
**设计排版** 知天下 · 图文

**出版发行** 凤凰出版传媒股份有限公司
江苏美术出版社（南京市中央路 165 号 邮编：210009）
北京凤凰千高原文化传播有限公司
**出版社网址** http://www.jsmscbs.com.cn
**经 销** 全国新华书店
**印 刷** 深圳市彩之欣印刷有限公司
**开 本** 787mm×1092mm 1/12
**印 张** 12
**字 数** 150 千字
**版 本** 2013 年 6 月第 1 版 2014 年 4 月第 2 次印刷
**标准书号** ISBN 978-7-5344-5698-5
**定 价** 35.00 元

营销部电话 010-64215835-801
江苏美术出版社图书凡印装错误可向承印厂调换 电话：010-64215835-801

# 前言

## Preface

作为一个专业的女装设计师，笔者的工作就是服务女性顾客，因为笔者毕竟来自不同的国度，文化不同，同理心却比较强，所以很多女性顾客总是会把笔者当成“闺蜜”，并没有拿笔者当异性看待，最后都变成了亲密朋友。

也许那时没有适当的人选可以提供我的朋友们咨询吧！只有我愿意提供她们咨询，而她们问笔者的问题林林总总，从穿着的打理搭配到衣帽间的整理，从外出的服装到贴身的内衣，甚至是情感和健康的咨询，都包括在内。

而笔者就是从这些女性朋友的贴身衣物中，看出了一些问题，产生了关心和关怀的心理，才使得笔者花了时间去研究，笔者曾经考取美容师执照，留学时考取营养师执照和米其林西餐厨师执照，也有宝石鉴定师资格，又懂得室内设计，又在东京考取调香师执照，能回答女性朋友的问题应该是很广泛的，但是笔者还是经常被问倒。

不过笔者的优点就是很有耐性和求知欲，碰到不懂的和回答不出来的问题，会从很多的书籍中寻找到解答，总是能给女性朋友一份图文并茂、完美的报告，时间一久，问题一多，最后竟也成了“万事通”了。

其中以生理方面的问题，笔者感觉到那是最困扰女性的问题之一，因此才在写完“衣语”这本书之后，继续发表《修炼性感女人》这本书。

可是《修炼性感女人》这本书并不是专门讨论女性生理方面问题的书，而是如何使女性更美丽的书。

或许是从事着服装设计这样从业者“阴盛阳衰”的工作，再加上学习过美容美体，所以我很喜欢观察女性，有时坐在咖啡厅里望着玻璃窗外熙来攘往的美丽女性，我会用一支铅笔和一本素描簿，画下她们的身影，首先是绘出想象中的她们的裸体，然后再帮她们重新设计服装。

朋友问我，为什么我笔下的女性身体总是这么完美，我的回答是：这样，我才会爱上她们，才能为她们做出更好的服务。朋友告诉我，中国女性比较在乎自己容貌的美，并不在乎身材的美（或者说“身体”的美），因为中国女性还是比较保守，再加上现代的男性娶妻不易，身为女性就已经是非常宝贝了，所以对自己的要求就不需要那么高。

但是笔者倒认为，自己本身的美除了悦己者容之外，能够给自己欣赏也是一件非常美好的事；这一点日本女性就做得非常好，在日本各大都市，对美乳、美臀甚至是美白私处的美体需求，已经超越瘦身塑身，成为女性向美体沙龙问询的第一位。

此时的中国正值转型期，80后和90后的年轻女孩思想观念越来越开放，在水上游乐场里都敢穿着性感泳装，露出姣好的身材，敢露就露，能露就露，不亚于日韩女性；来向我询问这方面美容问题的女性朋友也越来越多，这让我觉得，中国女孩真的比以前开放太多了。

本书主要针对女性的乳房、臀部和私处这三处最私密、最具迷惑性，也是最最重要的部位，如何进行皮肤的美白和嫩白保养，塑形以及如何保持健康状态，有非常详细的解说，和坊间讲美体的书往往跳过，或篇幅太小或草草交代不同。

这方面的知识不只是女性应该知道，男性也要略知一二，尤其是自认为心思比较细腻，又可以跟女性在这方面有话题的男性读者。

《修炼性感女人》和《衣语》这两本书的出版，要感谢过程中提供做为咨询对象和插画、摄影的友人们，你们辛苦了，特别要感谢出版社刘晓娟小姐的赏识和大力帮忙，更要感谢家人小嫩草帮我四处询问出版社，让我在这个人生地不熟的中国，也能够实现出版著作的梦想。

希望这本书里面所提到的健康知识，能够帮助到对这方面保养有需求有兴趣的女性朋友们，解答她们羞以启齿的疑惑，让她们自信地展现自己最美丽最性感的一面。

织锦纯平 2012年12月于上海

# CONTENTS 目录



ONE

ONE TWO

TWO

THREE FOUR

# 修炼美女第一关 / 丰满坚挺的乳房

乳房是女性身体上最明显的女性特征之一，它决定了女性上半身的轮廓和曲线，丰满挺拔且富有弹性的乳房，让女性能骄傲地昂头挺胸，使女性充满自信心，并能造就美好视觉，也是决定了是否为性感美女的必要条件之一。

美丽性感的乳房需要哪些必要条件？形状、丰满度、坚挺的弹性度、对称度、位置、外扩或集中、乳房皮肤的肤色、光泽度、粗糙或细嫩、乳头和乳晕的大小和颜色等，都被视为必要条件。

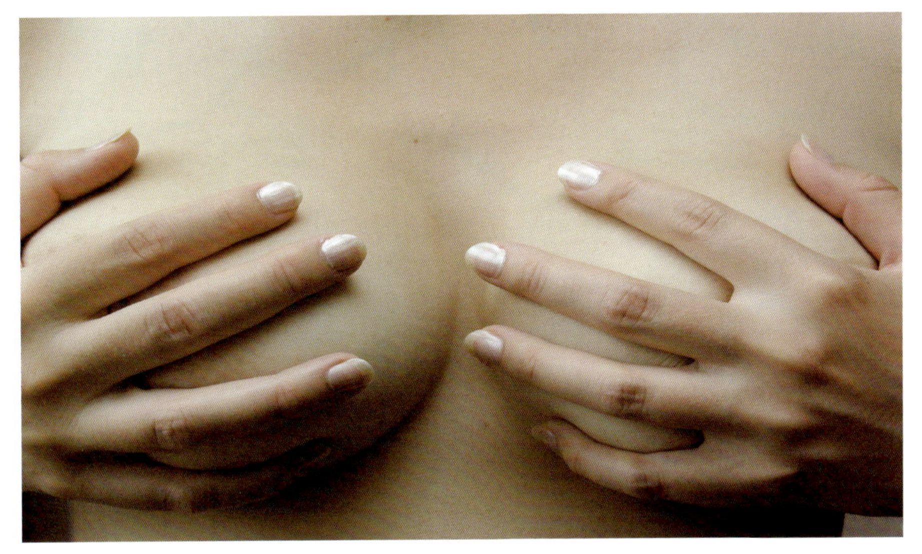

# “食草男”的第一关注目标

有一项针对 25~35 岁，人数为 250 位成熟健康男性的性倾向调查，调查他们在观察女性的身体时，觉得最性感、最注重而且是首要观察的部位是哪里，这 250 位男性中 38% 为已婚，新婚一年内的占 28%，曾拥有过一个以上性伴侣的占 92%，未曾有过性经验的不满 8%，其中被评断为个性偏内向、温和，不会积极的去追求恋爱或性爱，但是还满有异性缘，喜欢不温不火的步调和女孩交往，注重外表的这群被称为草食男的群体，在不同时间不同场景下，看到模特上身穿着文胸的照片或实景时，心跳加速且血压上升的情况明显地超过了看到模特穿着丁字裤的时候，胸部成为他们观察女性身体的第一目标。

再经过分析，食草男并不喜欢浑圆丰满的乳房，反而喜欢 B 罩杯到 C 罩杯之间、不算非常丰满的乳房，而且他们对肤色白皙的乳房同时又是红嫩的乳头特别有反应。

主要原因是食草男认为乳房跟“性”并不产生联想，尤其是白皙而有着粉红色乳头的乳房。

## 温馨小贴士

针对草食男而言，有时女性乳房的吸引力还不如文胸，如果女性发觉你的男朋友似乎对你的文胸很感兴趣，会趁着你不注意的时候偷偷观察你的文胸，甚至会观察你的内裤，这并不是有恋物癖或变态的倾向，而是本能地在累积对女性身体防线突破的能力，从理解女性到建立信心的阶段中。

女性可以从和他一起逛内衣店，请他帮你挑选内衣开始，建立他对女性的了解和信心。

如果有了进一步的发展，就可以请他帮你扣文胸，让他在扣文胸时温柔地进行，要他知道只有温柔才有甜果子吃；下一步才是解文胸，因为解文胸扣已经有另外一层涵义了。

对于一些情场老手而言，解文胸扣是稀松平常的事，女性也可以从这些微小的动作中了解男朋友是不是一个情场老手。

# 美丽性感乳房的形状

影响乳房形状的因素，有先天和后天两项因素。先天因素主要来自种族和遗传两种因素，后天则有营养、运动、健康状况和保养等多方面的因素。

根据熟龄女性乳房形状的不同，可区分为5种：

## 圆碗型

顾名思义，圆碗型乳房其形状如同一对碗口贴在胸部的碗，少女青春期的乳房如果发育得像一对刚蒸熟的肉包，成年后有可能发展成碗型乳房。这种类型的乳房，乳头和乳晕一般居于乳房正中央，乳沟间距较大，胸肌强健，以西方女性比较常见。隆乳手术后也以这类形状的乳房最为多见。

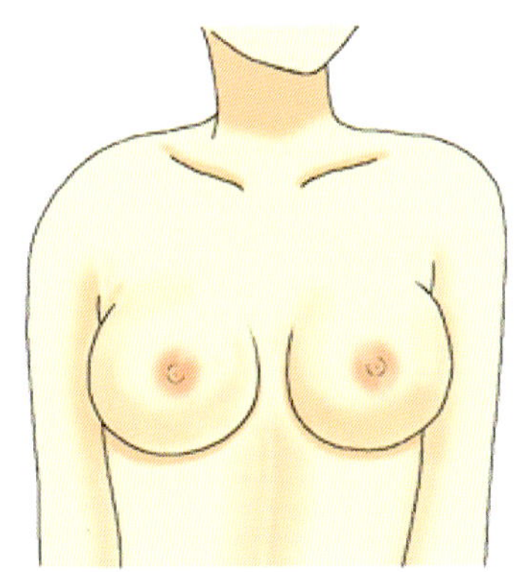

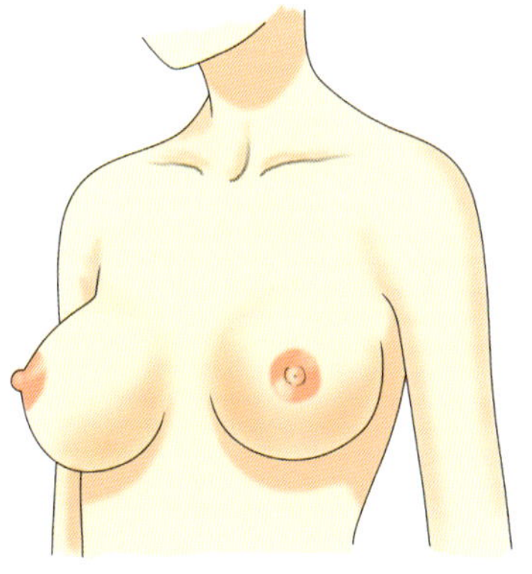

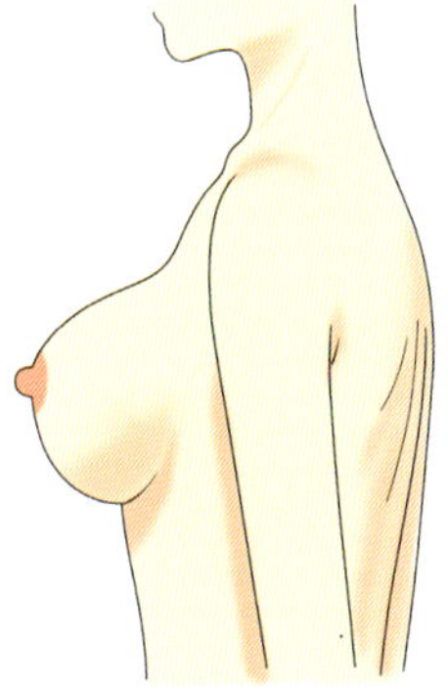

圆碗型乳房的正面、半侧面、侧面3个视角

## 水滴型

顾名思义，水滴型乳房如同一对垂挂在胸口的大水滴，乳房的大部分体积处于乳头下方，不穿文胸时乳房稍微外扩，是东方男性感觉最美观的乳型，也是东方女性最常见的乳型。如果从少女青春期就开始重视乳房保养，一般都会呈现出这样的乳房形状。

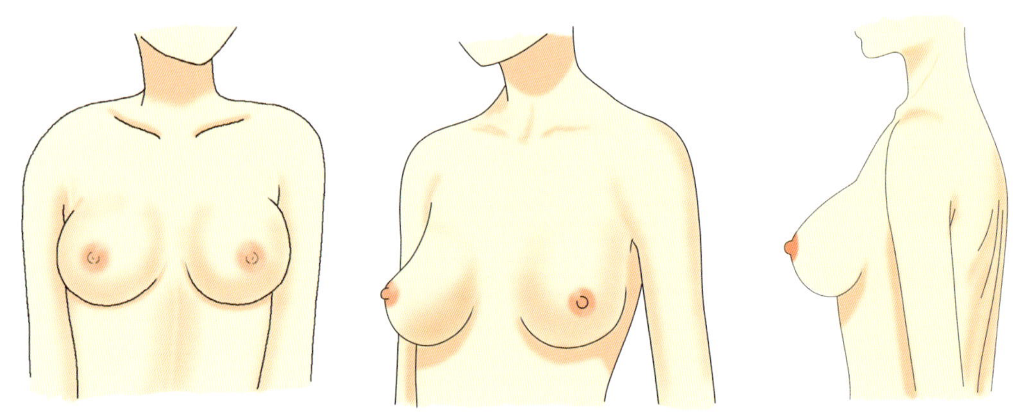

*水滴型乳房的正面、半侧面、侧面 3 个视角*

## 圆锥（钟）型

圆锥形乳房的形状介于碗型和水滴型之间，形似水滴型，但是超过 1/3 的乳房体积在乳头上方。常见于身材丰腴、个头比较娇小的女性。 这类乳房被认为线条最好、最能展现迷人乳沟。

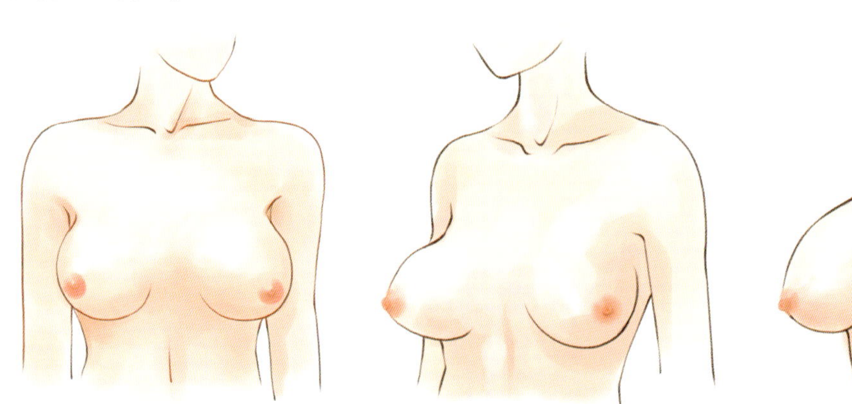

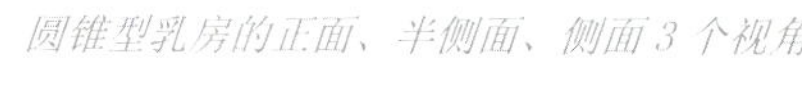

*圆锥型乳房的正面、半侧面、侧面 3 个视角*

**下垂型** 型似水滴型乳房，但因脂肪组织较少，皮肤松弛，女性荷尔蒙失衡，而使乳房失去弹性。常见于长期素食的女性，和有着男性特征如胡须的女性。这类乳房容易产生肥胖纹（类似妊娠纹），也容易产生干瘪和老化的现象。

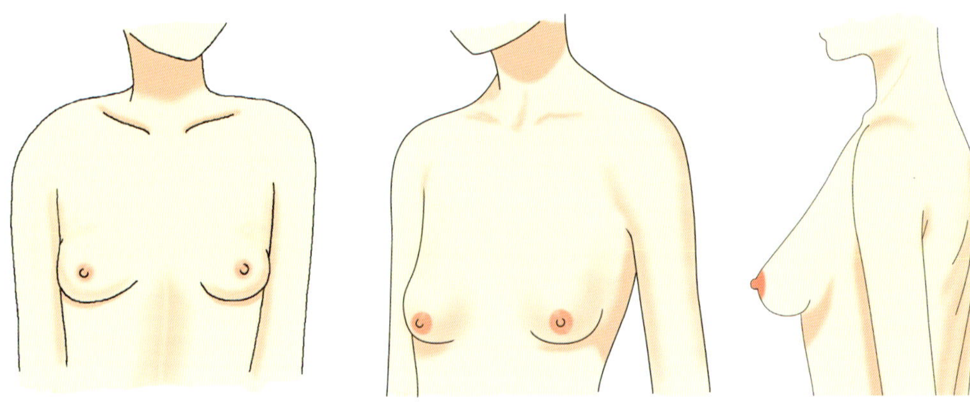

下垂型乳房的正面、半侧面、侧面 3 个视角

## 扁平型

发育不良的乳型，脂肪组织严重缺少，但皮肤还算紧致，常见于身材瘦小的MM，如果乳房肤色白皙，还有粉红色或嫩红色乳头，也是一对非常可爱的乳房；有这样乳型的MM要注意补充营养，经常按摩，不要穿太紧的文胸，偶尔不穿文胸也无妨。

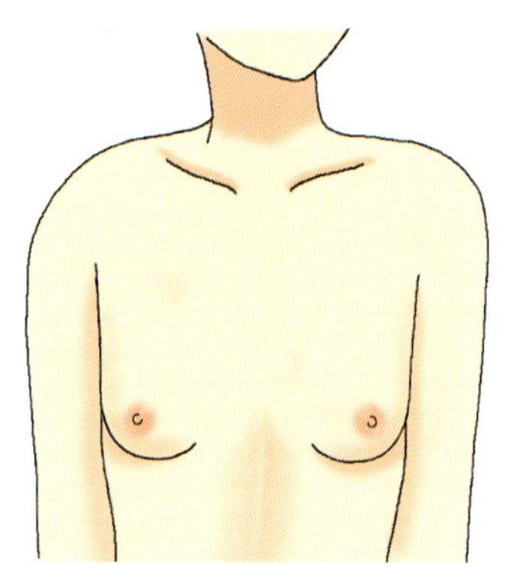
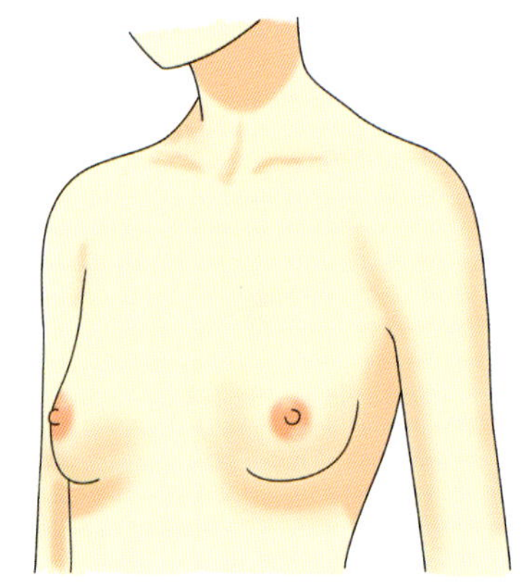
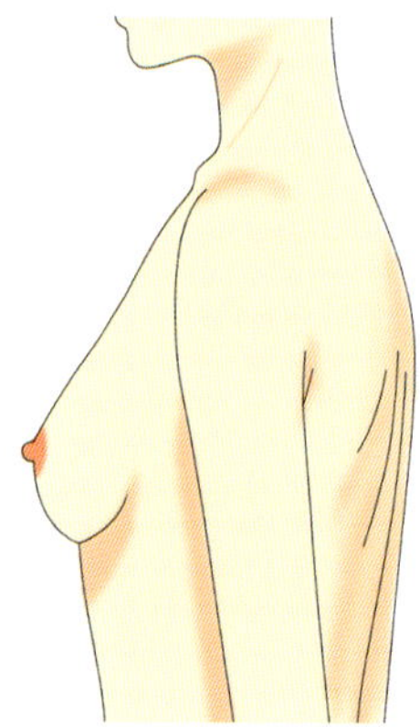

*扁平型乳房的正面、半侧面、侧面3个视角*

# 美丽性感乳房的丰满度

从乳房形状来判断其丰满度，是最准确的方式之一。

圆碗型和圆锥型有可能因为饮食过量、脂肪堆积而从丰满型转向肥大型发展，而且这类体质的女性最容易因为身材走样，如变胖或变瘦，而使得乳房的丰满度也跟着改变，甚至是产生一边乳房大、一边乳房小的失衡现象。

而水滴型乳房则可能因为生活形态的改变，如饮食、睡眠和日常保养等，使得乳房松弛，而从美丽的丰满乳型变成下垂型。

影响乳房丰满度，除了不可抗力的种族、遗传等因素外，后天的营养和保养，起到非常重要的关键，如果得知自己的女性长辈，不管是来自父方还是母方，有乳房肥大、发育不良或病变等情况，对于自己后天的营养和保养就必须更加注意。

## 理想型乳房

圆碗型、水滴型和圆锥型都是属于理想型乳房的乳型，这类乳房形状最美，但是也最难保养和维持，必须经常做胸部运动，注重营养，经常按摩乳房，穿着适合的文胸，保持愉快的心情，才能永远拥有这么美的乳型。

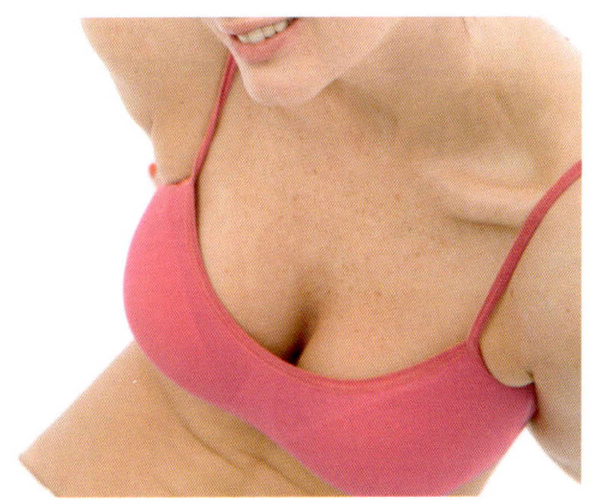

## 肥大型乳房

乳房的脂肪组织累积超过乳房能负荷的限度，就形成肥大型乳房，原因多半是因为高热量食物摄取过度，运动量又不足所导致；伴随着身材肥胖，也容易引发各种乳房的病变和心血管疾病，必须节制饮食，增加运动量，以恢复健康。

## 下垂型乳房

营养不均衡、胸肌运动量不足和没有经常按摩乳房，就容易导致乳房下垂，应多摄取瘦肉类、全脂奶和黄豆、蛋黄等有助于乳房发育的食物，多做胸肌运动并坚持每天按摩（生理期除外），就能恢复乳房组织的弹性。

## 发育不良型乳房

扁平型、左右大小不对称或乳头凹陷都属于发育不良型乳房，要靠均衡营养、胸肌运动和按摩来加以矫正，请多加注意本书在运动及按摩方面的主张；乳头凹陷则采用乳头吸引器将乳头慢慢地吸引出来并加以按摩，使乳头早日重现。在着装方面则采用文胸内垫来加以修饰，隆乳则是比较不可取的方式。

隆乳是在乳房内的乳腺体和胸大肌之间植入含硅胶成分的扁球体，一般是从乳房下缘或乳头部位手术切开植入。

隆乳手术有一定的危险性，近年来常发现有工业硅胶混入医用硅胶的案例，女性如果要隆乳，则必须特别谨慎。

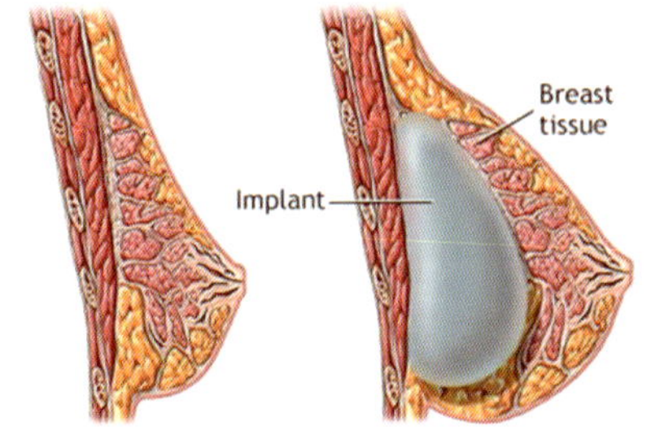


乳房重量突然比平常重量增加，除了会给生活增添不便，也容易因为挤压揉捏等动作而使硅胶体破裂，更加危害身体，非到不得已不可轻易尝试。

# 美丽性感乳房的弹性度

人为的可以达到乳房塑形和改进弹性度方法有：按摩、运动、内衣和食疗。这4个方法缺一不可。

## 丰满坚挺乳房按摩法

### 居家美胸 DIY

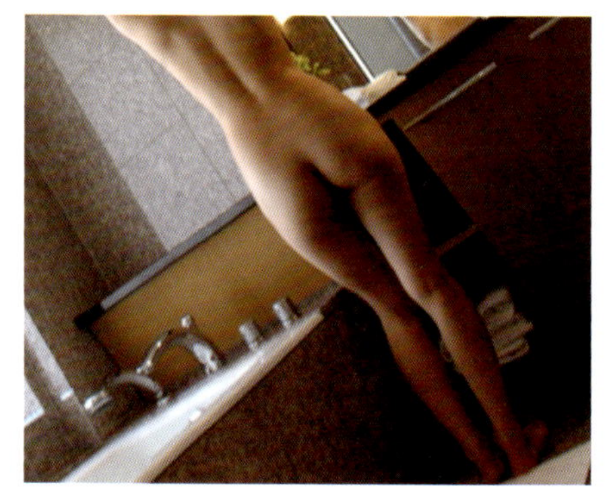

洗澡水疗按摩法　在家或外出洗澡的时候，可以调节莲蓬头（或称花洒）的水力配合手掌揉捏的动作来按摩乳房，水温和习惯洗澡的温度相同；也可以用冷水和温水交替冲洗，可促进乳房的血液循环，提高乳房组织的扩张力，活化乳房皮肤和皮下组织，促进乳房生长，揉捏乳头的动作还能使乳头和乳晕皮肤变得更加红嫩。

第一步 冷热水水柱交替喷压法

从乳头开始向外做圆绕式旋转（如下图），水注的水压以能把乳房喷到稍微凹下去为限，热水以40~45度为佳。这时人体会觉得有点热，但不可过热，冷水则是根本没有加热的冷水，以自己能接受的温度为限。并用手掌按摩辅助，如此重复旋转30~35次，可促进乳房的血液循环，活化乳房组织，使乳房更坚挺。

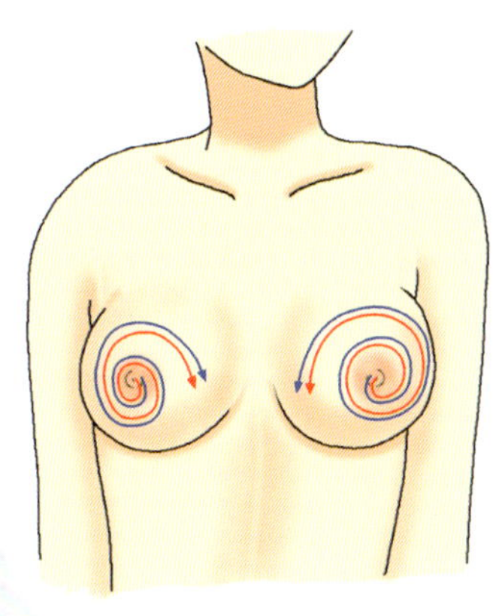

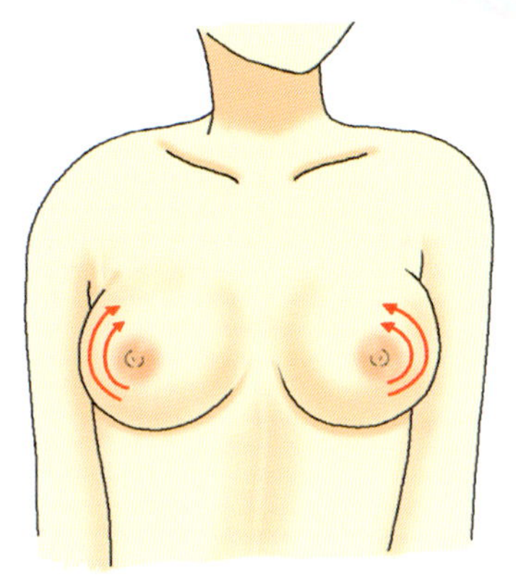

第二步 乳房集中强喷法

用莲蓬头最高压的水柱，从乳房外侧，由下向上喷洒（如上图），水温不宜太低，以觉得有点烫而人体能承受为原则，并用手掌按摩辅助，每喷5次，再用手掌按摩2~3分钟，如此重复7~10次，可预防乳房外扩，使乳房更集中，曲线更迷人，还能有丰胸的效果。

### 第三步 乳房托高强喷法

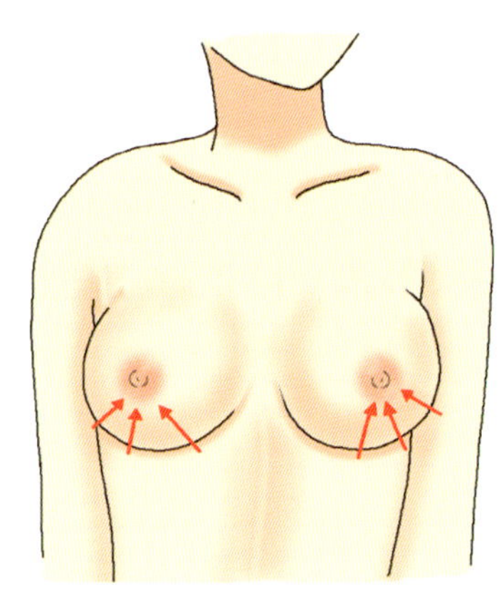

也是用莲蓬头最高压的水柱，从乳房下缘往乳头的方向喷洒（如右图），水温和第二步的乳房集中强喷法相同，以人体能承受为原则，并用手掌辅助按摩，每喷5次，按摩2~3分钟，重复7~10次，可预防乳房下垂，使乳房坚挺，皮肤紧致。

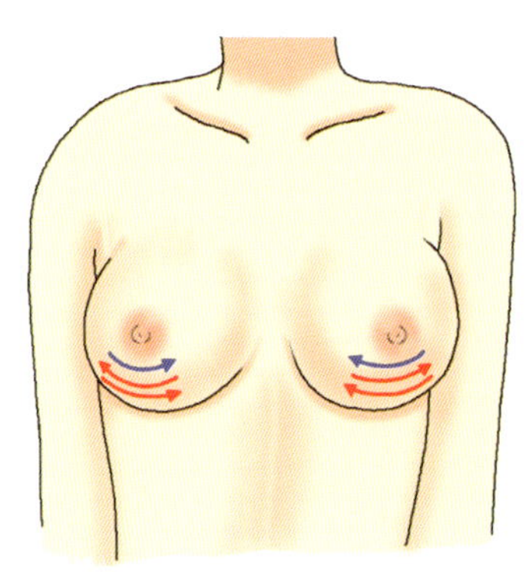

### 第四步 乳房冷热镇定法

经过前三步的水疗按摩，乳房的血液循环、淋巴和脂肪组织等都处于亢奋中，最后用两热一冷的中度压力的水柱自左向右或自右向左冲刷，约持续3~5分钟，可使乳房逐渐镇定下来，以便接受后续的美乳按摩法。

睡前美乳按摩法　每晚洗澡后和清晨起床盥洗后，都应该裸体地面对能照到全身的镜子，做一次乳房视检（也包括全身其他部位），检查乳房和身体其他部位是否和平常不同，乳房肤色是否比身体部位暗沉，左右是否对称，大小是否相同等，并坚持用植物精油或美乳霜对乳房做 10~20 分钟的自我按摩，之后再涂抹保养品，也可以请亲密爱人帮你按摩，但是自己一定要先亲自按摩过，知道方法和力度，才能请亲密爱人来帮忙。

第一步　从腋下按压乳房往前推

洗完热水澡后，淋巴和脂肪组织都在活血状态中，是最容易达到塑形目的的时候，右手掌从左边腋下向左乳房的乳头方向拉引，反之则左手掌从右边腋下向右乳房的乳头方向拉引，各做 30~50 次，可减少副乳的产生，使乳房更加丰满。

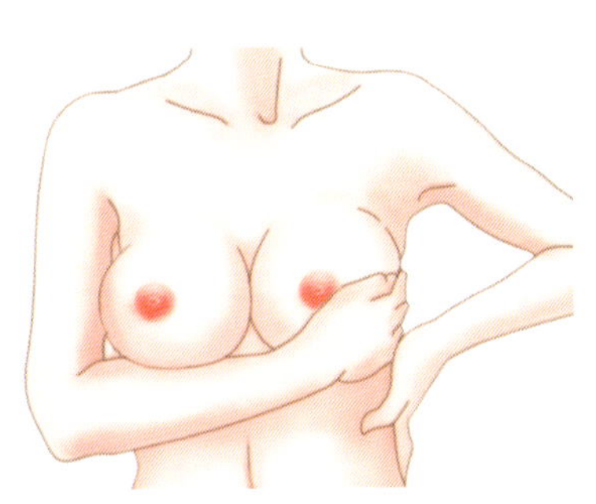

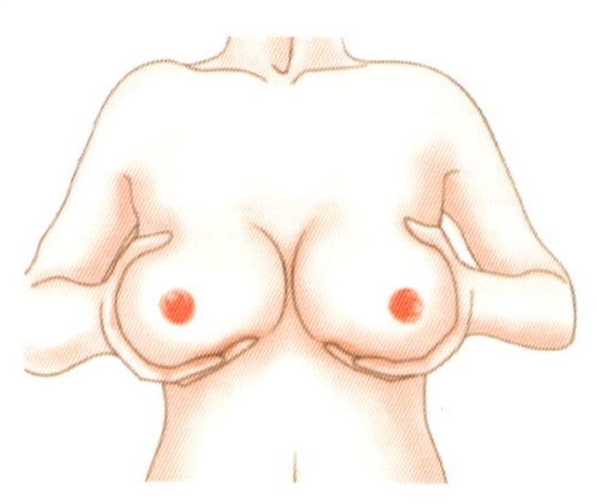

### 第二步　手掌握住乳房向前揉推

手掌贴于腋下握住乳房，可以感觉到握住了整个乳腺，必须有点小小的痛感，但是不能握到非常痛的地步，朝乳头方向揉推，只向前推不向后推，推揉 30~50 次，可缓解一整天乳房被文胸束缚的疲惫，并使乳房更集中，避免外扩。

### 第三步　手掌心按压乳房两侧前推

用手掌上的肌肉从左右乳房两侧，向中向前推压，一直推压到乳头后放松，乳房会自然回弹，如此推压 30~50 次，会感觉很舒服，心情愉悦，有助于睡眠，并可促进乳房血液和淋巴的循环，预防乳腺增生，保持乳房的弹性和曲线，预防外扩。

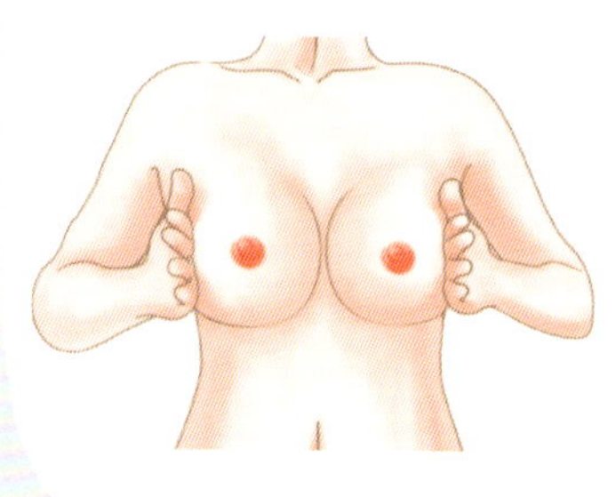

### 第四步 两手托住乳房向上托推

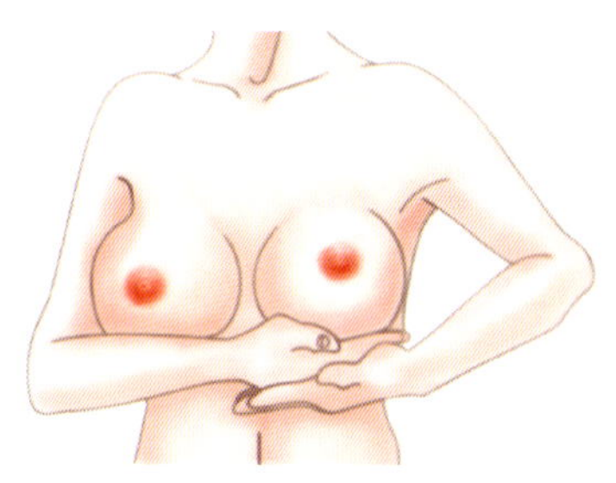

两手手掌先托住左边乳房，反复交替向上托推提高左乳（左撇子可先托住右乳），并使用美乳霜增加润滑度，会感觉到非常舒服，左右乳房各托推 30~50 次，可提升乳房的弹性，预防乳房下垂。

### 第五步 掌心按住乳头圆形推拿

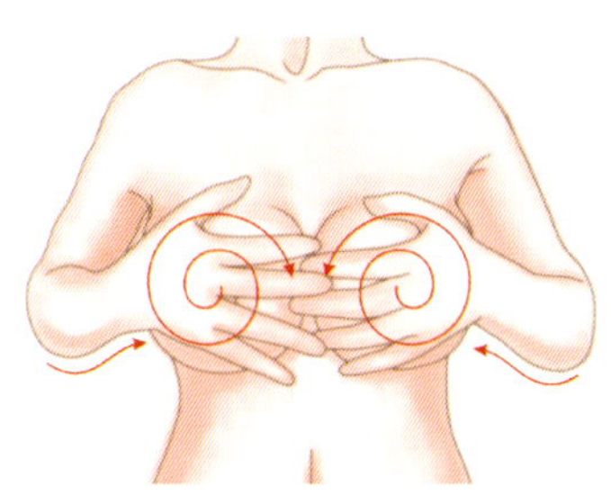

手掌掌心按住乳头轻压，感觉到乳房有轻微压迫感，但不会感到疼痛，按压乳房后由外向内做圆形推拿，右乳为顺时针方向，左乳为逆时针方向，也会感觉到非常舒服，按压约 3~5 分钟，可使乳房更加敏感，更具弹性。

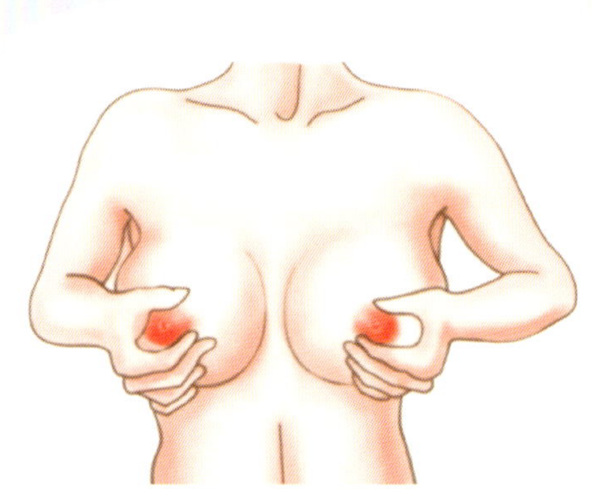

第六步 轻柔地揉捏乳头和乳晕

乳晕和乳头是乳房最诱人的部位，不可不重视。红嫩的乳头肯定比褐色乳头要可爱许多。轻轻地揉捏乳晕和乳头，不要揉疼了，如果能够先用磨砂膏或去角质霜，除去乳晕和乳头表皮角质则更佳，揉到乳头勃起，约 5~10 分钟，可促进乳晕和乳头的血液循环，预防乳头凹陷，色泽变深。

乳房的自我视检是成年女性必须每晚都做的课题，除了检查乳房皮肤表面是否有异常外，还必须用手触检。稍微按压会感觉到乳腺体是软中带硬、非常敏感的球体，如果乳房的某个部位出现小球体或颗粒，按压后如果感觉有刺痛感或酸痛感，建议女性隔天就必须去看医生，18~35 岁一年做一次乳房 B 超，35 岁以上女性每 6 个月做一次 B 超，乳房的病变早一天治疗，痊愈率就越高。

## 办公室美胸 DIY

当穿上带有钢圈、有集中托高功能的文胸一小时后，乳房就开始出现血液循环不良的闷热和勒痕现象，尤其是比较丰满的乳房，长此以往不但阻碍了乳房的发育，影响乳房的美观，还有可能导致乳腺增生。

建议上班族女性利用上洗手间的时候，解开文胸，配合美乳霜（用护手霜也可以）按摩数分钟，让乳房舒展一下，上完洗手间刚好结束按摩，可以蓄积动力继续面对工作挑战，其方法如下：

### 第一步

坐在马桶上时，先确定厕所里不是很臭，如果味道有点难受，不妨喷一下香水，做几下扩胸运动后再深呼吸几次，尽量不要让上衣束缚住自己，如果天气有点冷，可以穿着外套，然后解下文胸。

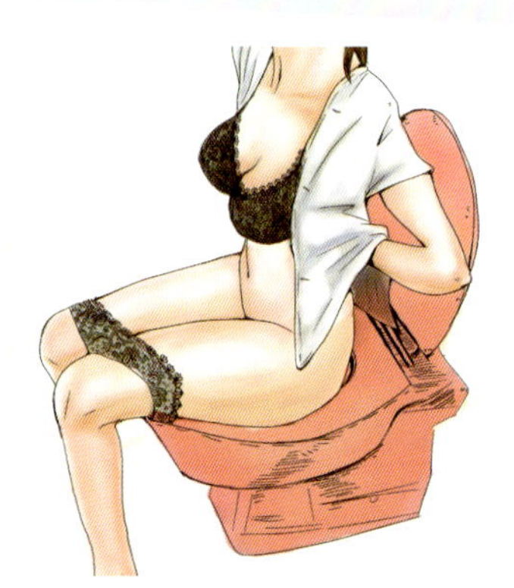

第二步

把美乳霜挤在手掌上摩擦，抹均抹热后，感觉美乳霜与手掌的温度一致。不要急急忙忙地就往身体上抹，因为温热的美乳霜效果会比冷冷的美乳霜效果要好很多。

第三步

和睡前美乳按摩法相同，右手掌伸到左边腋下向左乳房的乳头方向拉引，拉引 10 次，使乳房适应美乳霜的温度，然后反方向，左手掌伸到右边腋下向右乳房的乳头方向拉引，同样拉引 10 次，两边各做 20~30 次，就能缓解乳房穿戴文胸的不舒适感。

第四步

手掌贴于腋下握住乳房，感觉到握住了整个乳腺，有点小小的痛感，但是不能握到非常痛的地步，朝乳头方向揉推，只向前推不向后推，推揉 20~30 次，可缓解一整天乳房被文胸束缚的疲惫，并使乳房更集中，避免外扩。

第五步

手掌心按压乳房两侧，向中间推压，一直推压到乳头后放松，乳房会自然回弹（如下图）。如此推压 20~30 次，会感觉很舒服，可促进乳房血液和淋巴的循环，预防乳腺增生，保持乳房的弹性和曲线。

第六步

两手手掌先托住左侧乳房，反复交替向上托推提高左乳（左撇子可先托住右乳），并使用美乳霜增加润滑度，会感觉到非常舒服（如右图），左右乳房各托推 20~30 次，可提升乳房的弹性，预防乳房下垂。

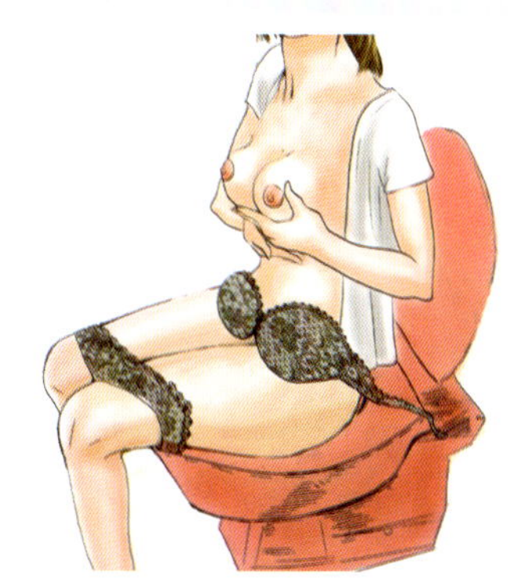

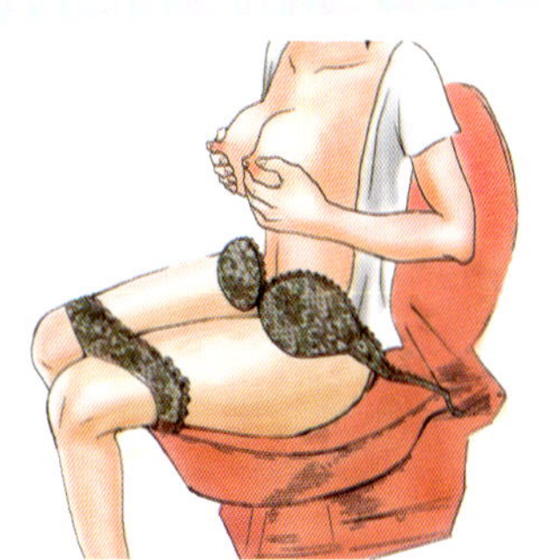

第七步

轻轻地揉捏乳晕和乳头，不要太用力，以免揉疼乳头，揉到乳头勃起，约 3~5 分钟，可促进乳晕和乳头的血液循环，预防乳头凹陷，色泽变深。

能够在洗手间按摩乳房的女性读者，如果是以女性为主的办公室环境，可以把这个秘密跟你的女性同事分享，但如果是男性为主或男女参半的办公室环境，最好是把这个秘密吞进肚里，离开洗手间前照一下镜子整理衣着，并深呼吸几下，让自己镇定下来，因为部分女性在按摩完乳房后，脸上会有难掩的喜色，可能会使你觉得害羞、感到不好意思。

温馨小贴士

女性的乳房可以说是垂挂于女性体外的两个脂肪球，一个乳房从200克重到500克重，一对乳房就可能有400克重到1000克重，但是却只有薄薄的表皮层的肌肉牵引着，如果有剧烈的奔跑跳跃等运动，又没有加以保护，就非常容易受伤，尤其是丰满的乳房。

女性在青春期的时候是乳房受到运动伤害最高发的年龄，尤其是发育比较早的少女，在中学时期因为学校有体育课，活泼的少女喜欢运动而且胸部发育得早，又不习惯穿戴运动文胸，往往在奔跑跳跃时胸部的肌肉拉伤，或乳腺体受伤，却不好意思告诉母亲，成年之后才发觉乳房发育不良。

少女最好在乳房发育到100克重，大约是一个少女的拳头大小的时候开始穿戴文胸，运动时也必然要穿戴运动文胸。

# 美胸运动法

要想乳房坚挺且富有弹性，必须加强胸肌的锻炼，锻炼胸肌的方法有：

## 居家锻炼法

**俯卧撑** 在床上或脚放床上手掌撑在地板上做俯卧撑，刚开始时以做 10 下为起点，以后逐次增加。

**举重法** 买菜或购物后双手提着重物，可双手同时举起重物，或左右手轮流，每次做 10 下，休息一下再做，并逐次增加。

## 健身房锻炼法

举重器 凡是健身房里的举重器械都有助于胸肌锻炼，但必须在听从健身教练指导下锻炼。

游泳 游泳姿势如蛙式、仰式、蝶式、自由式等，都能对胸肌锻炼起到很好的效果。

## 办公室锻炼法

手掌撑起法 手掌撑在办公椅上把身体撑起来，让屁股暂时离开椅子，想做就做，能撑几秒就撑几秒，每次 1~2 分钟。

## 地铁公交锻炼法

引体向上法 站在公交或地铁上时，无所事事就可以利用公交或地铁上的拉杆来锻炼引体向上，练完右手再换左手或同时锻炼，直到累了为止。

# 文胸的穿着和乳房弹性密不可分

穿着文胸的目的在于修饰胸部曲线，以达到迷人的形体和服装搭配的目的。但是文胸却是不适宜长时间穿戴的，穿戴了超过一个小时的文胸，乳房的体温就超过全身体温平均值的 1~3 度，尤其是带有钢圈的厚文胸，长时间穿戴对乳房健康是有危害的，最好一天不要超过 8 个小时。

在办公室里，除了利用每次上洗手间时候解开文胸，按摩乳房，让乳房舒一口气之外，下班前可以脱掉文胸或换一件没有钢圈的文胸，让乳房处于没有压力的环境下，直到隔日上班前。

有一种休闲型文胸，采用软性塑料圈取代钢圈，仍然有集中托高的功能。如果在服装上没有必要挤出迷人乳沟（俗称事业线），其实没必要一定得穿着带钢圈的文胸。

温馨小贴士

文胸是谁发明的！何时发明的！虽然有满大的争议，但是唯一不争议的就是：带有钢圈的文胸连续穿戴时间久了，对乳房的健康是有负面影响的。

文胸对乳房有集中托高、增进女性美的功能，但是在不需要文胸的时候，女性在能不穿文胸的时候就脱掉它，尽量真空，例如：临下班前开始到次日的上班前；以及假日。

# 文胸搭配上衣与文胸件数上的建议

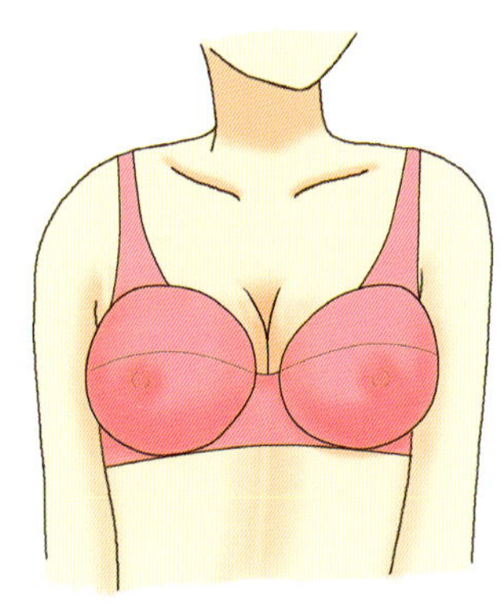

*集中托高效果★★★★，性感度★★★*

## 全罩式文胸

最具功能性的罩杯，可以把全部乳房包护在罩杯内。比较保守的女性可以全部采用全罩式文胸；一般女性可以拥有 2~3 件，在生理期的期间内穿着；乳房丰满且偏下垂的女性可以拥有 5~7 件，具有比较好的保护功能，在平日的上班时间内穿着。适合搭配衬衫、毛衣或胸部裸露比较少的上衣。

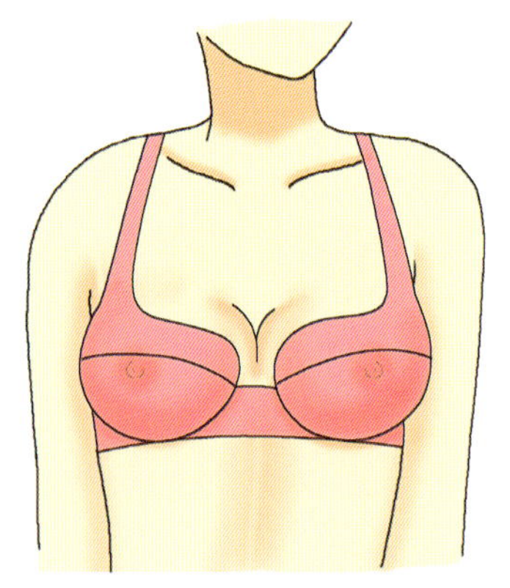

集中托高效果★★★★★，性感度★★★★

## 3/4罩杯文胸

是能够明显露出乳沟的文胸；为了搭配服装，一般女性可以拥有3~5件此类文胸，在平日的上班时间内穿着。适合搭配略为低胸，可看见乳沟的连衣裙，或低胸衬衫等。

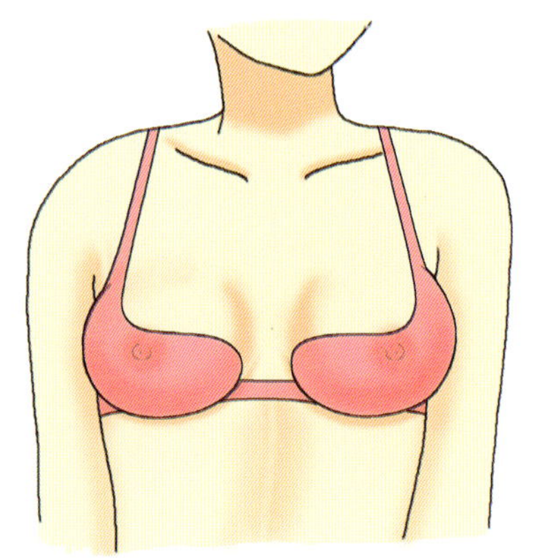

集中托高效果★★★，性感度★★★★

## 1/2罩杯文胸

能适当地露出迷人乳沟的罩杯，一般肩带都可拆卸，变成无肩带文胸，可很好地搭配服装；适合搭配薄款、性感的服装，一般女性可以拥有3~5件，乳房娇小女性则可增加到5~7件。适合面料比较薄的服装，小跑步时乳房会有非常迷人的弹跳动作，所以也很适合低胸的上衣。

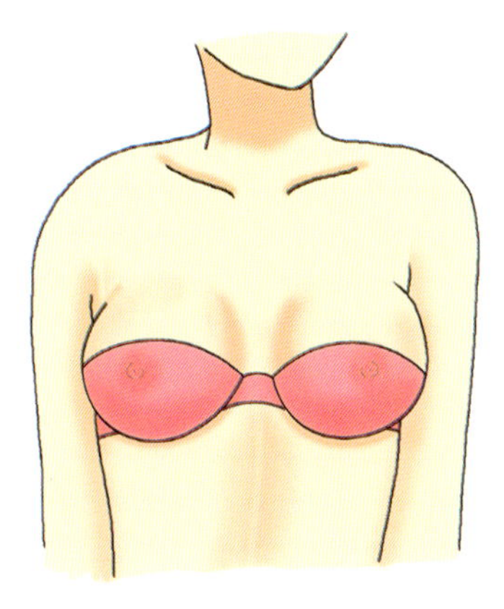

集中托高效果★★★，性感度★★★★★

## 无肩带文胸

用来搭配露肩、露背及宽领服装。一般女性最多只需要 1 件，如果经常穿露肩、露背及宽领服装的性感辣妹，则视穿着习惯增加。适合露出锁骨、肩膀或露背的性感服装，尤其是休闲型小礼服，但腰部不需要挺立，也适合度假时穿着。

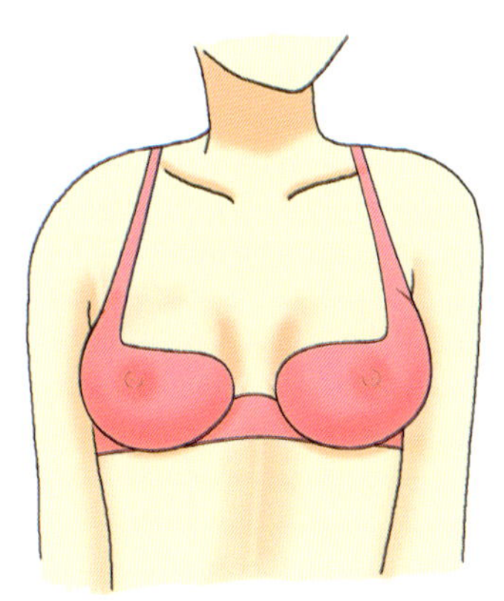

集中托高效果★★★★，性感度★★★★

## 无缝文胸

适合搭配紧身服饰。一般女性最多只需要 1 件，经常穿紧身 T 恤的女性则视穿着习惯增加，也有肩带可拆卸式的设计。适合凸显浑圆、性感乳房曲线的紧身上衣，如 T 恤和抹胸等，在休闲或度假时穿着。

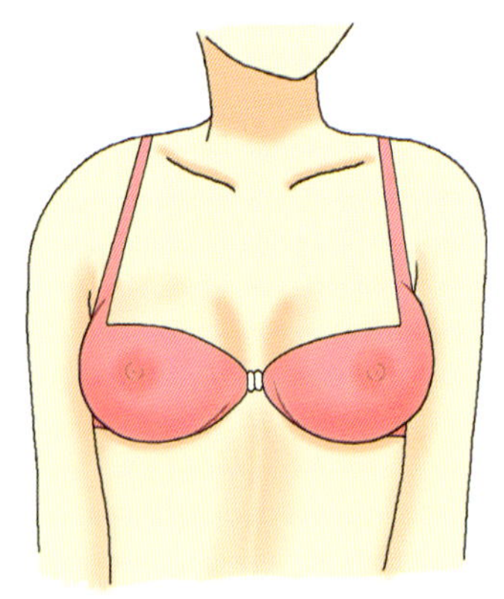

集中托高效果★★★，性感度★★★★★

## 前扣文胸

便于前面脱卸的文胸，大多是肩带可拆卸设计。一般女性最多只需要 1 件，性感而个性开放的女性可以拥有 3~4 件以上，在可能有性爱的约会时穿着。适合明显前开口的上衣，和便于自己或男友脱卸的上衣。

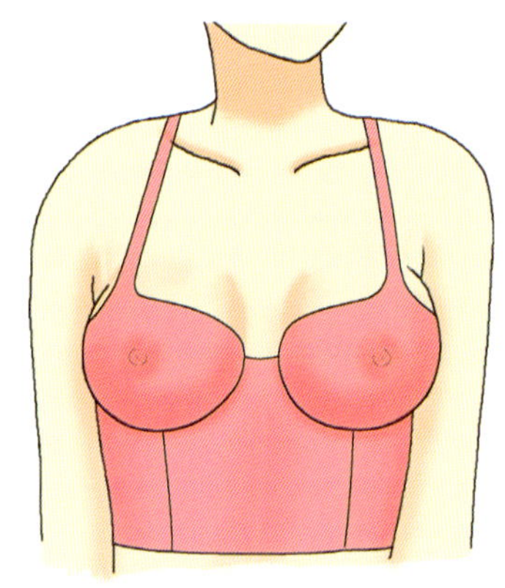

集中托高效果★★★★，性感度★★★★

## 修身型文胸

能把腹部、背部的赘肉及多余脂肪往胸部集中。一般女性可以拥有 1 件以上，注重身材挺立的美女可以拥有 5 件以上，也有肩带可拆卸设计的款式。适合正式场合的长礼服或连衣裙，身高略高的女性更适合穿着。

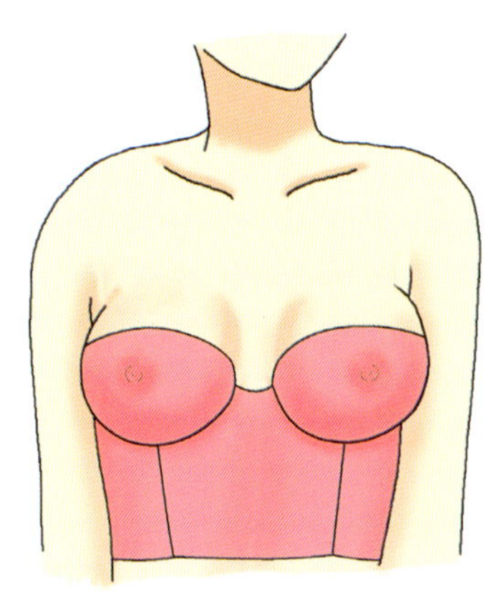

集中托高效果★★★★，性感度★★★★

## 无肩带修身型文胸

可调整腹部、背部赘肉，表现出上身曲线的文胸。一般女性并不需要此类文胸，经常有机会穿晚宴服的女性可以拥有1~2件以上。适合露肩礼服或连衣裙，尤其是身材略为高挑的女性。

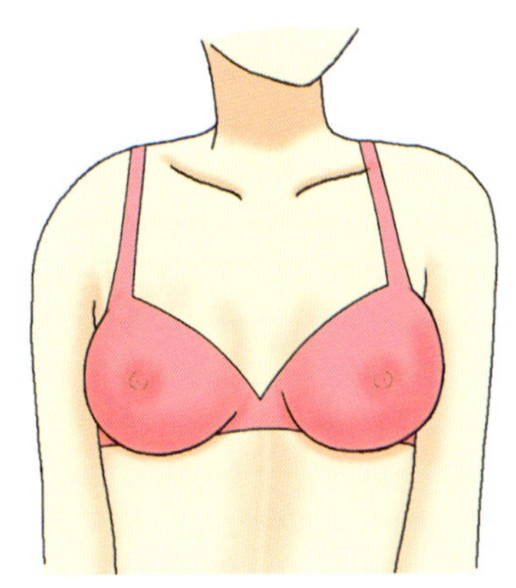

集中托高效果★，性感度★★★★☆

## 无钢圈型文胸

越不想展现性感，却越容易凸显性感的文胸款式，可舒展乳房的家居式文胸。乳房较为丰满女性应该多拥有此类文胸，可拥有5~7件左右，在下班后及假日穿着。适合家居休闲服装，及度假风情的服装。

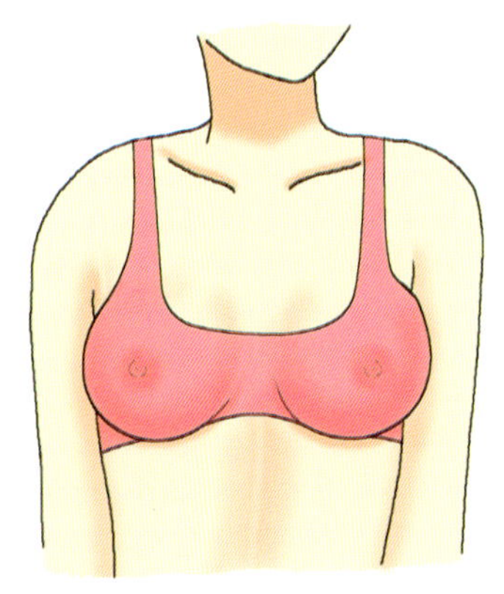

集中托高效果★★，性感度★★★

## 运动型文胸

可避免乳房在运动时受伤的文胸。经常运动上健身房的女性可以拥有3件以上。除了在健身房里当成内衣穿着外，还适合内衣外穿，或搭配有运动风格，但不是运动服的上衣。

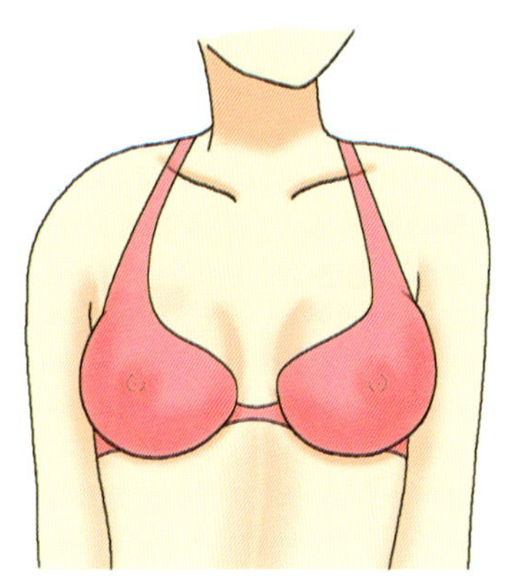

集中托高效果★★，性感度★★★★★

## 泳装式文胸

可增加性感魅力的文胸。在夏日里，喜欢穿抹胸的性感辣妹可以拥有3件以上此类文胸。一般都是无缝设计，所以也适合T恤和抹胸，也可做为内衣外穿。

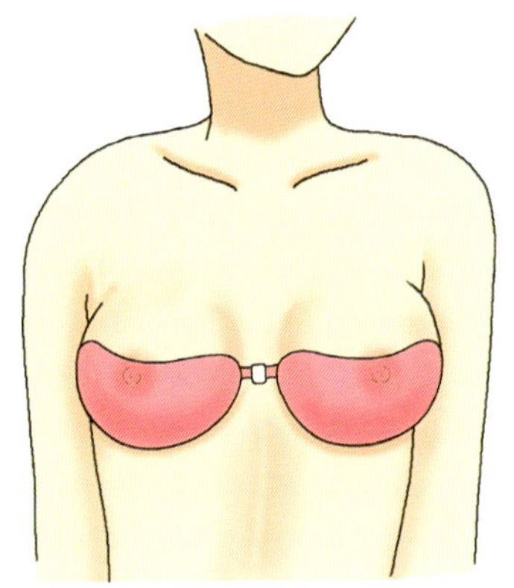

集中托高效果★★，性感度★★★★★

## Nu-bra 隐形胸罩

经常穿低胸晚礼服的女性或经常有更衣需要的模特，和喜欢穿低胸性感上衣的 MM，可以拥有 3~4 件左右；另外有一种硅胶式的胸贴，其功能也接近隐形文胸。最适合略有透明质感的服装。

# 不可穿着文胸睡觉

多数女性习惯穿着文胸睡觉，认为不穿文胸睡觉没有安全感，其实在睡眠时是乳房疏解一整天被文胸的拘束，恢复被文胸挤压的疲劳，进行乳腺修护的最佳时机，如果还穿着文胸睡觉，那乳房就失去恢复活力的时间。

所以千万不可穿着文胸睡觉，甚至不要穿任何衣服睡觉，保守的女性可以穿长款的针织睡衣或棉质长衬衫睡觉，比较开放的女性不妨可以尝试裸睡，在西方甚至是东方的日本和韩国，裸睡已经相当普遍。

有人担心裸睡时会出汗，或担心不卫生，容易弄脏被单和床单，其实只要先裹上一层棉布“睡单”，就不会有这层顾虑了；睡单最好是淡颜色的，白色的最好，淡黄色、浅蓝色或淡粉红色也很好，看你个人喜欢，好看又舒适的睡单是有助于睡眠的。

这张睡单至少一星期就得换洗，不要拖太久都不洗，否则才真的不卫生哦。

# 食疗，给美丽性感乳房补充营养

形成乳房内部的主要结构有乳腺体、输乳管和脂肪组织。主要还是由脂肪组成，尤其乳房表面的皮下组织，有一层较厚的脂肪牵引着，使得乳房更坚挺，不至于下垂，乳房肤色红润饱满。因此适度的脂肪摄取和多摄取动物性胶质，就是给乳房补充营养的不二法门。

哪些食材对乳房有直接补充营养的功效呢？

**高蛋白质食材** 高蛋白类食材是丰满乳房不可或缺的，如鱼、肉、蛋和乳制品等，鱼类中尤以泥鳅、土虱鱼、海参、甲鱼等最佳，优质蛋白易于吸收外，微量元素的锌更是制造荷尔蒙的重要元素；肉类则以瘦肉为主。此外豆类食品也是植物性高蛋白食材。

**富含胶质的食材** 富动物性胶质的食材如猪皮、猪蹄、猪耳朵、蹄筋、鸡爪和鸭掌等，植物性富胶质的食材如海带、木耳、银耳、山药、莲藕都是富含植物性胶质的食材。

**坚果类食材** 如杏仁、腰果、开心果、核桃和松子等，是丰胸最好的零食。

**烹饪方式** 以炖的方式最佳，其次是煮。如黄豆炖猪蹄、花旗参炖泥鳅、当归炖土虱、佛跳墙等，都是既美味又能丰胸的美食。

吃最少：脂肪、油脂和糖类（包括含糖饮料、蛋糕和甜点等）；不要养成喝罐装饮料解渴的习惯

吃适量：乳酸制品、芝士类及冰淇淋等（每日1~2杯）；瘦肉、家禽类、鱼类、豆类及蛋类等（每天3~7两）

吃多些：蔬菜类及瓜果类（每日最多6~8两）；水果类（每天2~3个）

吃最多：谷类、面包、面条、米饭类（每日3~6碗）

# 美丽性感乳房的丰满度

## 从发育不良到亭亭玉立的乳房 DIY

就一般女性而言，大多存在乳房过于扁平、乳房或乳头乳晕的大小不一、左右乳房外扩的程度不同、左右乳房位置的高低有别、乳头的位置和颜色有差异等问题，程度有的严重、有的轻微。

除了营养不均衡和不重视乳房保养的因素外，惯用右手或左手的运动员，和突然增肥或减肥的女性，也容易造成左右乳房不对称，必须在日常生活中投入比较多的时间和精力。运动员应平衡两只手臂的运动量，均衡饮食，不要暴饮暴食或强迫饥饿，少量饮酒，在睡前和平日的乳房按摩上下功夫，穿戴调整型文胸也是必要的手段之一。

每日两次以上的自我视诊，视诊时双臂自然下垂，观察两边乳房的弧形轮廓有无改变、乳房下缘和乳头的高度是否相同，如果已经产生了可发现的差异，那么保养的动作就不可忽视了。

# 美丽性感乳房的对称度

## 从外扩到集中的美丽性感乳房 DIY

乳房位于胸大肌上，通常是从第二根肋骨延伸到第六根肋骨之间，内侧到胸骨旁线，外侧到腋下中线。一般来说，女性之间，乳房的位置基本差异不大，除非是产生病变或曾经手术。

最大的差异还是来自乳房发育不平衡，比方一边坚挺而另一边下垂，或一边小一边大，这也和乳房是否对称的问题之一。

正常的乳房在脱掉文胸后，都发现会有些微的外扩，这是正常现象，如果显得很集中，反而是有隆过乳的可能。

文胸的功能就是将外扩的乳房聚拢在胸部中间，使乳房集中托高，挤出迷人的乳沟，如果发现乳房外扩或下垂比较严重，就必须利用调整型内衣来修正。

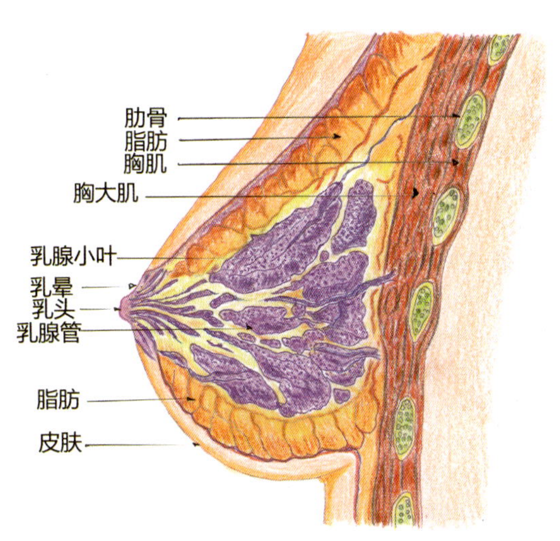

# 嫩白美丽性感乳房的肤色

## 巧克力变牛奶的嫩白细滑乳房DIY

乳房的肤色应该是女性身体上肤色最白的部分，因为隆起的乳房扩张了胸部的皮肤，加上乳房有比身体其他部分较厚的皮下组织，所以乳房的肤色都会显得比较白。

如果乳房皮肤出现了斑点或色块，甚至会变色，那就是乳房皮肤出现病变，必须赶快到医院皮肤科看诊。

喜欢晒日光浴的女性如果不喜欢乳房有一块白色的痕迹，又不愿意裸露乳房，可以用所谓的“室内美黑日光浴机器”，先将全身肤色晒成同一个色度，再去室外日光浴，而且必须涂抹防晒霜，以免过度曝晒产生皮肤病变。

如果觉得乳房肤色还不够白，平常洗澡时多采用乳霜型香皂，并在洗澡时进行乳房去角质，次数一周不要超过两次。

乳房去角质和脸部去角质的步骤一样，采用的去角质霜也可以相同，去角质后也可以涂抹和脸部美白相同的面膜，或者也可以自制面膜。

乳房美白的自制面膜方法如下：
材料：维生素E油胶囊2粒、原味优酪乳1汤匙、蛋清少许。
做法：
（1）把材料混合后用木匙挖起，从乳房下方往上轻缓地涂抹。
（2）涂抹完毕后，用PE塑料膜覆盖，20分钟后用温热的洗澡水洗净。

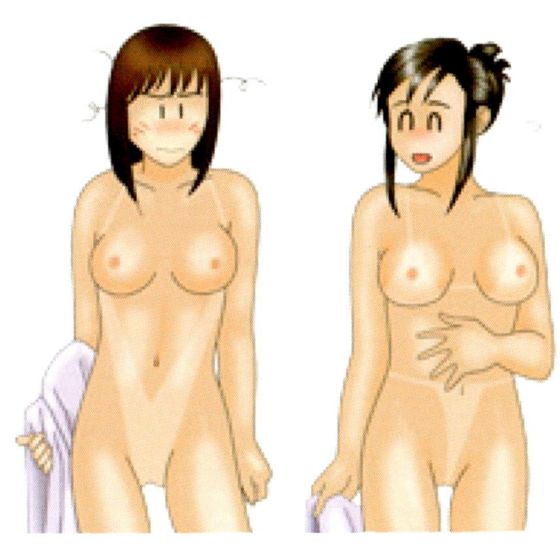

*糟糕了，晒得黑黑的，怎么回家呢！*

对乳房越是珍爱，乳房给你的回报就越明显。美乳霜也可以自制，其方法如下：

材料：维生素E油胶囊2粒、晚霜1勺、身体乳1勺

做法：

（1）把材料混合后用手均匀涂抹在乳房上，并按本书“睡前美乳按摩法”的说明轻柔的按摩乳房。

（2）按摩时配合深呼吸，吸气时按摩，吐气是放松。

# 美丽性感乳房皮肤的光泽度

## 从粗糙到细嫩的美丽性感乳房DIY

大部分女性的乳房皮肤都是光洁平滑的，与全身皮肤色相一致，甚至是略白到略为粉红，如果觉得自己的乳房皮肤还不够光滑，在每晚睡前和早上上班前可涂抹美乳霜，同时按摩5~10分钟，到了办公室在洗手间里按摩乳房时，也别忘了涂抹美乳霜。

# 乳头和乳晕的大小和颜色

## 从黑枣到樱桃的美丽可爱乳头 DIY

东方女性的乳头和乳晕比西方女性要来得小巧可爱，但是乳头和乳晕的大小并没有一致的标准，习惯自慰和抚弄乳头的女性，会比一般没有自慰习惯的女性稍大，有的男性还认为，乳头稍大的女性比较性感。

乳头和乳晕的色泽相同，年轻女性少数呈粉红色或深红色，多数为三文鱼肉色，熟龄女性和有性行为的女性多呈浅褐色到深褐色，基本上，年轻女性且性行为次数不多的女性，乳头乳晕的颜色和嘴唇颜色相当。

如果不满意自己的乳头乳晕颜色，可以在每天洗澡的时候对乳头乳晕做去角质的程序，乳头乳晕的皮肤本来就是皮肤上的角质组织，会因为岁月和抚弄而角质渐增，每天去角质可保持乳头乳晕颜色，甚至是越来越粉嫩。

去角质后可以涂抹眼唇膜或强效美白面膜，可减淡色素沉淀，增加光泽，恢复少女时期的粉嫩色彩和光泽。

乳头乳晕的颜色从红嫩变成深褐色是长期积累所致，所以想要变回红嫩的颜色也不是短期内就能实现，必须要有耐力，持之以恒。

如果临时要求乳头乳晕红嫩的需要，如拍摄私密照片时，可以用粉红色眼影加以修饰。

温馨小贴士

网购中有一款电动洗脸刷，如果把刷毛拆下来，套上去角质布，再抹上去角质霜或磨砂膏，用来脸部去角质和乳头去角质，效果倒是满好的，脸部去角质可以3天一次，乳头去角质可以2天一次，乳头去角质从褐色到肉红色只要坚持不断一个月就能会有很明显改善，去角质后别忘了再抹上美乳霜，乳头可以抹上美白面膜，效果更加显著。

# 修炼美女第二关 / 紧实挺翘的美臀

臀部俗称屁股，从女性美体的角度来看，乳房、臀部和私处是构成真正美女的三大核心要素。迷人性感的臀部，是男性观察女性最重要的部位之一。

怎样才算是迷人的性感美臀呢？道理和乳房相似，如形状、大小、肥翘度（即弹性）、臀部皮肤的肤色、光泽度、粗糙或细嫩、肛门的健康和颜色等，只有符合一定的标准，才算是迷人性感的屁股。

# 食肉男观察女性身体的第一目标

在那份面对成熟健康男性的性倾向调查中，有一小部分被评断是个性偏外向、喜欢热闹人多的地方、积极、占有欲强、对于喜欢的异性会积极地展开追求、目标明确、对性爱非常热衷、非常爱打扮、爱逛街爱购物的食肉男；和另外有一部分综合了食草男和食肉男的鲜明个性，他们有“选择性”的内向，对异性的追求也是大胆直接的，姑且称之为“杂食男”吧，这个群体明显对大腿和臀部充满“性趣”，在看到这部分的图片或实景时心跳加速血压上升；但是他们看到乳房的照片和实景时，同样也会心跳加速血压上升。

经过分析，这类型的男性看见美女，就直接和“性”产生联想，从大腿延伸到臀部，再延伸到私处；越白越修长的腿和紧翘的臀部最吸引他们，而私处是他们最终的目标。

# 紧实挺翘的美臀形状

迷人又性感的臀部形状不外乎丰润圆翘，大部分女性都能拥有迷人的臀部曲线，影响臀部形状的因素有饮食和运动两种，只要不过度摄取高热量的食物，使身体发胖，造成臀部肥大，想要拥有迷人的臀部曲线并不困难。

## 理想型

臀部脂肪和肌肉分布均匀，大小和肥翘度适中，大多数的女性都能拥有理想型的美臀，配合有提臀功能的束臀裤，可以使臀部曲线更加迷人。

## 扁平型

骨盆较为宽大，臀部脂肪和肌肉不足，常见于所谓“扁身型”的女性，如果真是扁身型的女性，即使吃再多营养的食物，可能也胖不到臀部上，建议可穿着内有硅胶垫的翘臀裤，提升性感魅力。

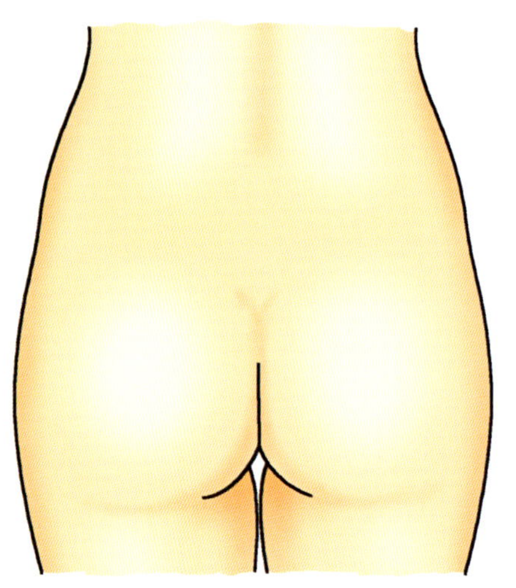

理想型

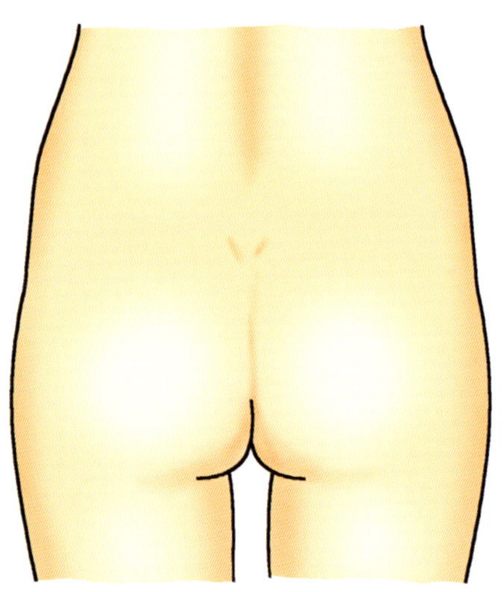

扁平型

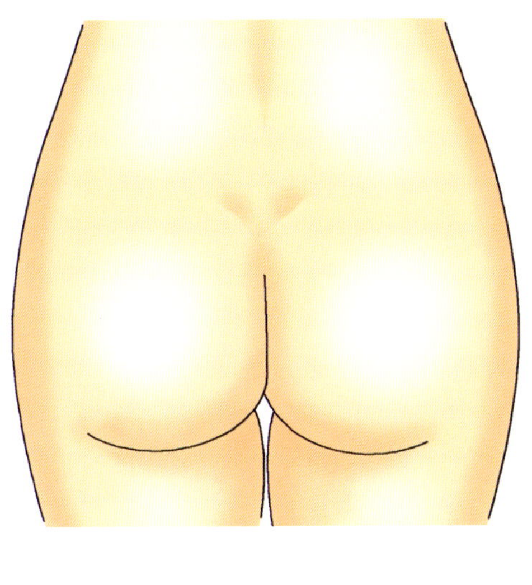
肥翘型

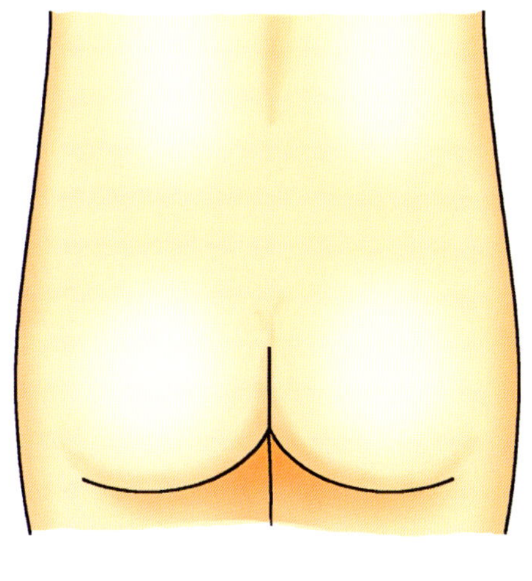
肥大型

**肥翘型** 腰围、臀围和大腿围差距较大，臀部脂肪较厚，属美臀型。这类女性虽然有着男性们都喜欢的翘臀，但是自己可能不喜欢，而且会成为同性间的笑柄。请千万别难过，这样的美臀万中无一。

**肥大型** 腰围、臀围和大腿围差距较小，脂肪层从腰围开始蓄积到大腿。这样的女性通常是吃得多、动得少的类型，只要下定决心节制饮食，穿上紧身的束裤（不是一般束臀裤）还是能修饰身材的。

# 紧实挺翘的美臀肥翘度

按臀部肥翘的程度，可区分为：

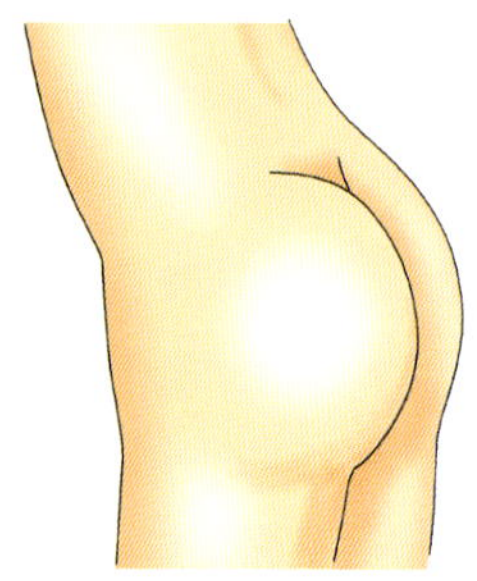

后翘型 臀部曲线圆润，属于性感美臀。

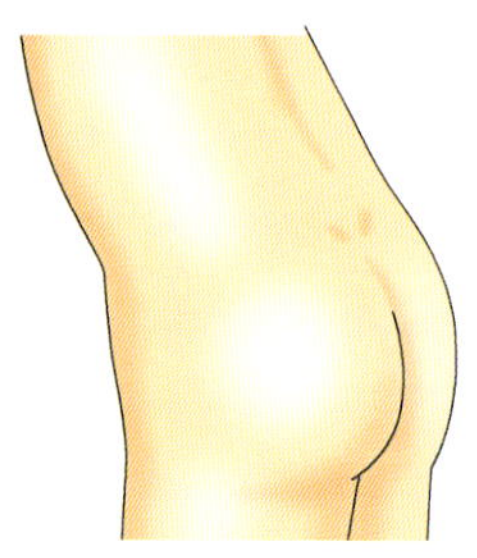

扁平型 臀部曲线弧度较小，显得较为扁平。

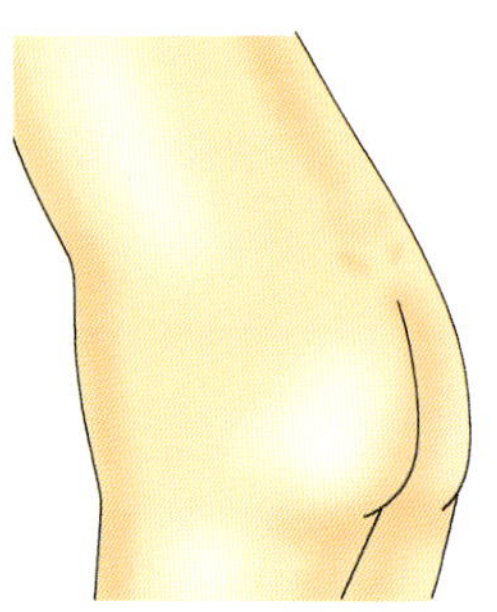

下垂型 臀部肌肉较为松垮，失去弹性。

觉得自己的臀部不够翘吗？！穿上紧身裤或牛仔裤不好看？如果你有这样的烦恼，网购中有几款内含硅胶垫的翘臀裤，可以修饰扁平下垂的臀部，是个不错的选择，可瞬间提升性感度，让你穿短裤、长裤或裙子都变得好看多了，男女款都有。

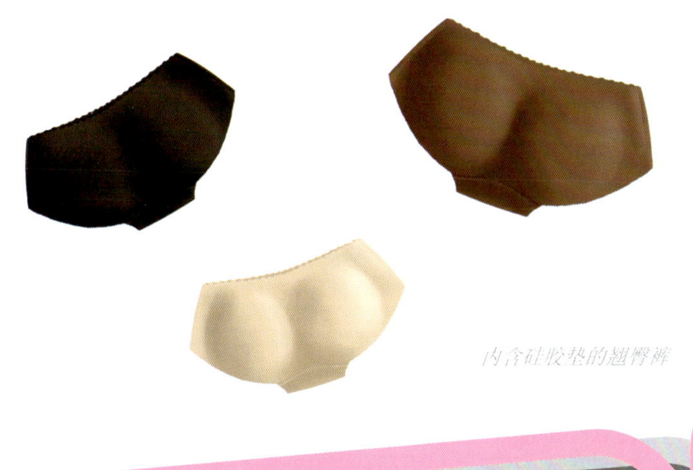

内含硅胶垫的翘臀裤

# 紧实挺翘的美臀大小

以目测便能判断女性臀部大小是理想型、偏瘦型，还是偏胖型?

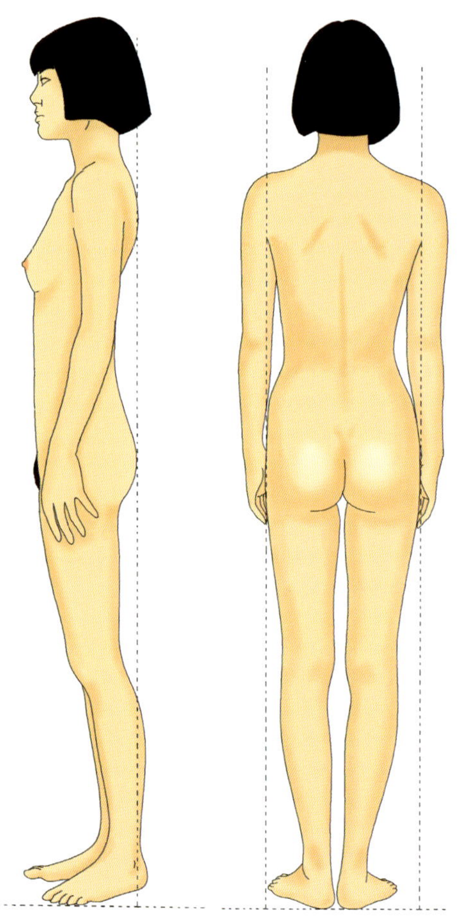

## 理想型

当女性裸体挺立站直时(不穿鞋，穿高跟鞋会使臀部显得比较翘)，从侧面看，臀部的肥翘度和背部在一直线上，臀部的肥翘度便属于理想型；从正面看，臀部的宽度相当于腋下的宽度，臀部的大小就在理想型的范围内。

## 偏瘦型

何谓偏瘦型？从侧面看，臀部的肥翘度不如背部凸出，比背部稍扁，臀部的肥翘度便属于偏瘦型；从正面看，臀部的宽度窄小于腋下的宽度，那臀部的大小就是偏瘦型。

## 偏胖型

何谓偏胖型？从侧面看，臀部的肥翘度比背部凸出，臀部的肥翘度便属于偏胖型，凸出的越多就越胖；适当的凸出会令人感到性感，尤其是面对所谓的“肉食男”，可是如果实在太凸出了，美观和性感就会递减；从正面看，臀部的宽度大于腋下的宽度，那臀部的大小就是偏胖型，也就是说骨盘也会偏大，骨盆偏大可以做骨盆操，让骨盆不再增大。

# 美臀的秘诀

人为可控的美臀秘诀有：饮食、运动、束臀裤，这 3 项秘诀都值得您关注。

## 饮食控制

过瘦会使臀部扁平，臀部肤色暗淡，失去女性魅力，所以身材比较瘦，又想要有性感后翘臀部的 MM 必须努力加餐饭了。

均衡的饮食在鱼、肉、蛋、奶四项荤食中不挑食，不偏食，自然就会有健康窈窕的身材。

过胖则会使臀部肥大、下垂，并且容易产生蜂窝性组织炎，其主要原因在于摄取了过多高热量的食物，如蛋糕、甜点、披萨等，又缺乏足够可消耗热量的运动，而导致身材肥胖，尤其以西方女性较为多见。

笔者侨居澳洲多年，见当地少女身材健康曼妙，可是一旦过了 30 岁，身材肥胖，臀部就发展成“河马臀”，有时到海滩游玩，竟会有置身“动物园”的感觉。

# 保持运动习惯

步行　步行是使臀部后翘最直接有效的运动，因为每个人每天都会步行，多走几步路是关键。

慢跑　坚持每天慢跑 30 分钟以上，可以选择在自家小区内绕圈跑步，即省钱又安全，也可以达到健身和美臀的目的。

提前一站下车　搭公交或地铁的上班族，平时觉得运动量太少，又没有时间和预算去健身房，提前一站下车走点路，是不错的运动。

不走电梯走楼梯　在地铁站里尽量不要走电梯而改走楼梯，走楼梯也是使臀部肌肉结实的好办法，不信走楼梯的时候摸一下屁股，是不是有在用力。如果赶时间，走电梯的时候不要站着不动，走起来，即可运动又可赶时间。

蛙跳　在家里做原地蛙跳运动，可以加强腿部和臀部肌肉，这项运动对肌肉负荷较大，刚开始时次数少点，以 5 次为基准，视体能状况增加。身材肥胖者尽量不要尝试。

健身房　现代人去健身房已经是一项摩登时尚的活动了，不过健身房里的跑步机和锻炼腿部肌肉的器械对臀部肌肉还是能起到加强的效果。

## 芭蕾舞姿优雅美臀操

芭蕾舞的舞者都有一个紧翘的臀部，但是也可能有粗壮的大腿，一般女性只要练习芭蕾舞优雅的舞姿，不要练得太过火，就能避免大腿变粗。

请依照下列芭蕾舞姿势来练习美臀操，最好能在落地镜或穿衣镜前练习，练习时最多只穿内衣或短裤就好，不要给自己太多束缚。

### 抬腿平衡转身

◎ 练习左右抬腿，尽量抬腿到两腿成直角（如上图），并每次坚持 3~5 分钟，先练右腿或左腿都没有关系，直到能抬到 90 度直角为止，再练习踮脚尖，可以扶着墙壁练习。

◎ 手臂轻柔的如练习芭蕾舞一样（如上图），使姿势优美，直到能轻易做到这样的姿势再练习转身。

## 抬腿脚掌伸直

◎ 练习把右腿和左腿都能踢高到约肩膀的高度（如下图），如果暂时不能做到没关系，慢慢来，或者把脚掌挂在桌上或墙上，高度慢慢往上升，到自己能负荷的高度，并每次坚持 3~5 分钟。

◎ 踢腿的高度能到达腰部以上的时候，就可以练习双手展开平衡的动作，刚开始练习可以扶着墙壁，练习到能轻易做到的地步再练习踮脚尖。

抬腿的天鹅姿势

◎ 练习如天鹅展翅的姿势，右腿和左腿轮流练习太高到自己能负荷的高度（如上图），脚掌要尽量伸直，每次坚持3~5分钟，如果有点感觉会失去平衡可以扶着墙壁。

◎ 能把天鹅飞翔的姿势做得很优美时，再练习踮脚尖的动作，就像天鹅将振翅飞翔。

飞燕展翅的动作

◎ 练习时反复的抬腿（如下图），并夹紧臀部肌肉，脚掌伸直，可使臀部、大腿和小腿的肌肉紧实，如此反复练习 20~30 分钟不要懈怠，如果感觉能负荷再练习踮脚尖的动作。

◎ 腿部的动作熟练了，再练习手臂的动作（如下图）可使动作更加优美。

孔雀展翅的姿势

◎ 首先练习向后抬腿的动作，大腿要尽量向后向高抬腿，并且夹紧臀部，伸直脚掌（如上图），如果暂时做不到，可以先抬到桌面上，慢慢用书本垫高高度，左右腿交换练习，每次练习 5~10 分钟，累了就短暂休息。

◎ 配合手臂的动作，会使整个动作更加优美。

骨盆操 自认为骨盆比较大的女性，不论你是按“紧实挺翘的美臀大小”方法目测得来，还是自我感觉，都可以尝试练习骨盆操，做操时也是最多穿着内衣或短裤就好。

请在干净的地板上或床上，铺上干净的毛巾，依照上图的姿势练习骨盆操：刚开始时会觉得腰椎酸痛，可以请亲密爱人帮你，直到不再觉得酸痛难受才完全自己练习。

# 束臀裤

所有的底裤种类当中，只有束臀裤最能够起到提臀的效果，穿着舒适的束臀裤，能聚拢提高臀部下垂的脂肪组织，让臀部曲线优美起来,但是如果臀部本来就扁平,有一种硅胶短裤,用硅胶制成臀肌的形状，可以弥补扁平臀部的遗憾，硅胶裤流行于日、韩，在中国还是比较少见。

束臀裤并没有定型的效果，只有靠饮食和运动来增强臀部的肥翘度，臀部肌肉比较松垮的女性穿着束臀裤运动，效果会比没穿束臀裤的运动，效果会好很多，希望有个肥翘美臀的MM也可以尝试。

# 女性内裤件数的建议

各种类型的底裤均有其相对的功能，女性千万不要只有一种款型的内裤，必须依照内裤的各种不同的功能来穿着，以下有七种不同功能的内裤款型，女性至少要拥有四种；另外，经常穿着的内裤其寿命其实只有六个月，时间到了就要丢弃，因为有些排泄物的残渣和皮屑残渣已经附着在内裤的纤维上不容易清洗掉，就会滋生细菌，可能造成感染；有些女性总是把内裤穿到破了才丢，这样其实很不好，万一感染炎症就因小而失大了。

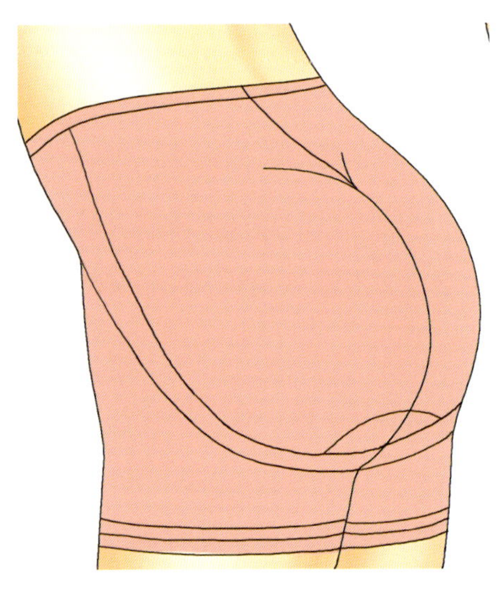

提臀功能★★★★★

## 束臀裤

想束臀裤具有提臀收小腹的效果，也适合产后恢复身材穿着，喜欢穿宽松长裤、牛仔裤、长裙的女性可以在冬天选择束臀裤作为内裤穿着。只是夏天穿太闷热，适合从凉爽到寒冷的天气穿着。觉得有提臀收腹需要的女性可备5~7件，只是束臀裤穿久了不舒服，可准备高腰内裤在觉得不舒服时更换。

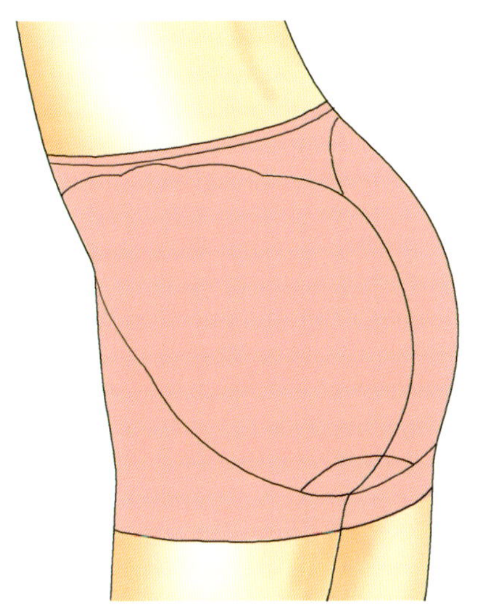
集中托高效果★★★★

## 高腰内裤

虽然没有束臀裤那么有效果的提臀收腹功能，但是穿着感和束臀裤类似，通常采用弹性较好的面料，如莱卡或氨纶制成，适合在秋冬季节和生理期的期间穿着，保守和怕冷的女性应备有7件以上这类内裤。

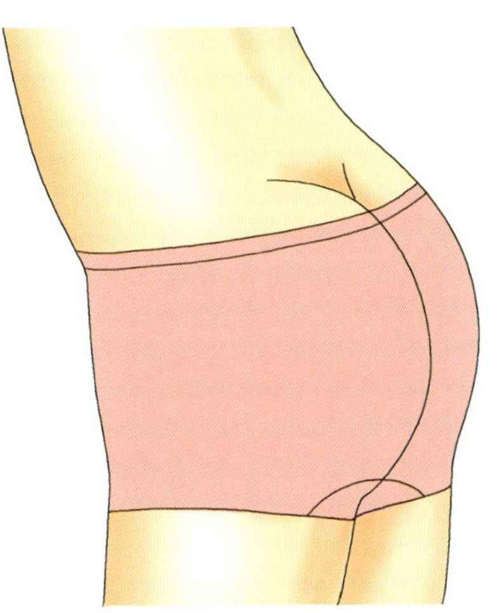
提臀功能★★★

## 平口内裤

虽然没有太大的提臀功能，却是比较舒适的内裤种类之一，通常会采用有弹性、贴身，感觉舒适的面料，如蕾丝、莱卡和氨纶等，有些平口内裤可作为安全裤和热裤穿着，特别适合喜欢穿短裙或迷你裙的MM，拥有5件以上的平口内裤绝对不嫌多。

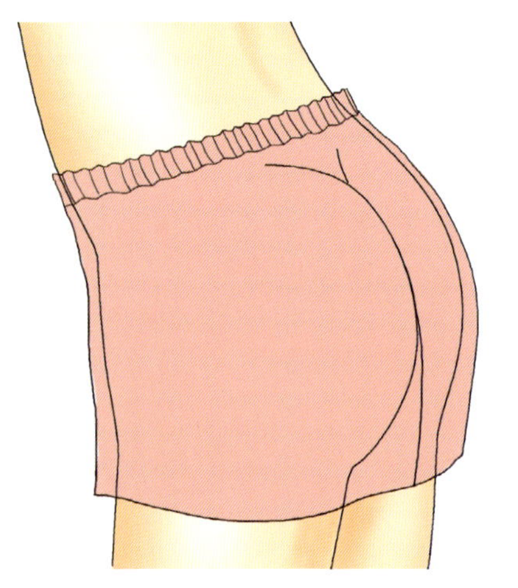

## 四角裤

又称男友短裤，因为那是从男用四角内裤演变而来，只是没有男用内裤的前开口，通常以棉质花布面料制成，包装成情侣短裤销售，常被当成夏天的睡裤或家居裤，开放的 MM 也有拿来当跑步短裤，喜欢这种短裤的 MM 可备有 4~5 件。

*集中托高效果☆*

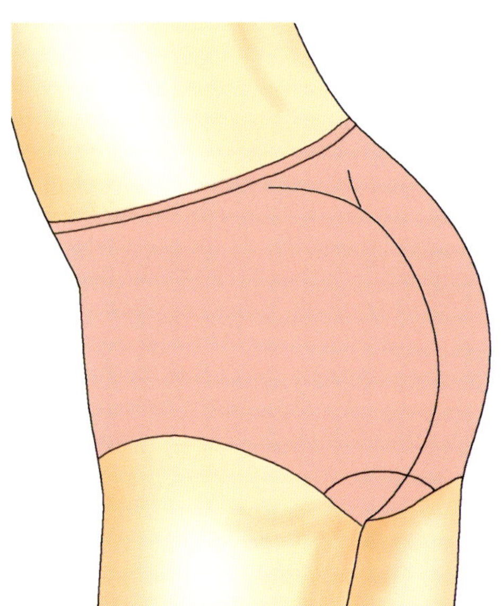

## 高腰三角内裤

高腰型三角内裤有比较好的舒适度，穿着感与高腰底裤类似，通常采用有弹性且含棉的面料制成，适合生理期间或穿着紧身运动装时穿着，一般女性拥有 5 件左右是适合的，较保守的女性可选择此类内裤作为日常内裤穿着，7 件以上也不算多。

*提臀功能★★★*

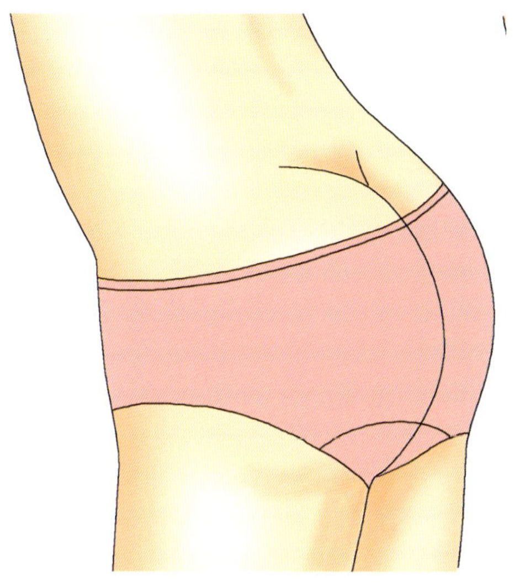

集中托高效果★★

## 低腰三角内裤

是最常见的内裤种类，介于保守和开放之间，性感度中等，舒适度也普遍能被接受，以棉制品居多，除了身材比较肥胖的女性不适合穿着外，一般女性均适合，拥有 7 件以上这类内裤是合理的。

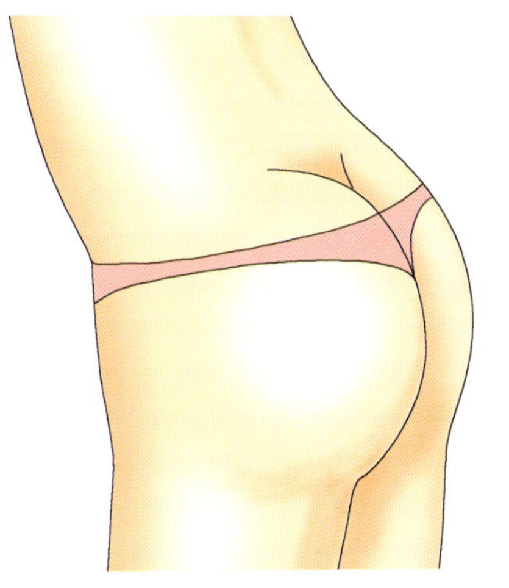

提臀功能☆

## 丁字裤

提臀功能几乎为零，性感功能却是满分，成为个性开放的 MM 首选，以前被以夹屁股不舒服，或是遮不了什么为理由，选择的 MM 较少，但如今开放的女性越来越多，被选择作为夏天主打内裤的现象也随时代增多了。

# 从粗黑到幼嫩细滑的屁股蛋 DIY

大多数女性臀部肤色应该和身体大部分部位的肤色相同，和大腿相连的坐肌部位因为皮肤扩张的缘故，会显得比较白，股沟部位则因为皮肤聚拢了，则显出浅褐色到深褐色的颜色，这是正常的。

喜欢日光浴的女性，如果不希望在臀部留下白色的泳裤痕迹，同样可以采用“室内美黑日光浴机器”先把臀部晒成健康的蜜糖色，再去晒日光浴，不过最好是全裸的晒室内日光浴机器，这样臀部肤色就会和身体其他部位的肤色相同了。

肤色很白的女性，因为皮肤再生能力比较快，臀部皮肤会显得比一般女性来得白，甚至拥有像“剥壳水煮蛋”那样的细嫩光滑。

如果觉得自己臀部肤色比身体其他部位暗沉，在每次洗完澡的时候，可以用去角质霜或磨砂膏等，可以去除死皮细胞的保养品，搓揉臀部暗沉部位的皮肤，并持之以恒。

臀部皮肤粗黑有可能是因为体质、生活习惯和遗传、种族等有关，其实臀部皮肤就应该比身体其他部位多加保养。

*臀部坐肌的黑褐色皮肤是夏天泳装美女们的烦恼。*

在臀部坐肌部位，往往会出现两个黑褐色的色块（如上页图），而且肤质也比较粗糙，不管臀部是否圆翘，是否性感，是否美女，都可能会产生。

笔者曾经在一个泳装发表会上见到的泳装模特，正面看来皮肤都很好，但是一转身，都会看到臀部上这两块粗糙的皮肤，因此会联想到，在海滩、游泳池畔见到皮肤白皙性感的美女，屁股上也有这两块黑褐色皮肤，岂不尴尬?

这是因为臀部坐肌皮肤长期油脂分泌不够旺盛，且经常因为坐姿时屁股坐肌和内裤摩擦，皮肤保护层被磨掉所致。

一般来说，从初中时期起，因为坐下来读书的时间多了，屁股上这块褐色皮肤就从那时候开始产生，再加上出社会工作以后，大部分时间也是坐在办公椅上，坐肌上这两块粗黑的印记就更难恢复少女时期的嫩白了。

**温馨小贴士**

之前的“温馨小贴士”里提到网购里的一款电动洗脸刷，如果套上去角质布，抹上去角质霜可以用于乳头去角质，同样地，也可以用于臀部去角质。臀部去角质可以在每次洗澡后进行，洗澡后抹上美体乳，并对臀肌加以按摩，只要几次，臀部肤质的触感就能改善，坚持一个月，肤色就会有很大的改善。

因为是生活习惯造成臀部坐肌皮肤粗糙，所以即使臀部坐肌皮肤已经变得嫩白，还是要持续去角质，可以改为每星期一次。

如何使臀部坐肌恢复少女时期的光滑？以下的美臀护理法提供参考：

## 沐浴美臀护理 DIY

（1）沐浴乳要采用质量比较好的乳霜沐浴乳。

（2）洗澡时擦洗臀部的时候要稍微用力搓洗。

（3）不妨在每次洗澡的时候给臀部坐肌皮肤去角质，包括股沟部位；去角质过程中，请稍加使劲，效果才会比较明显。

（4）洗完澡后一定要在臀部涂抹身体乳液，并加以按摩。

（5）按摩时手掌用力捏住臀部坐肌约一秒钟，再放松，如此重复捏放 30~50 次。

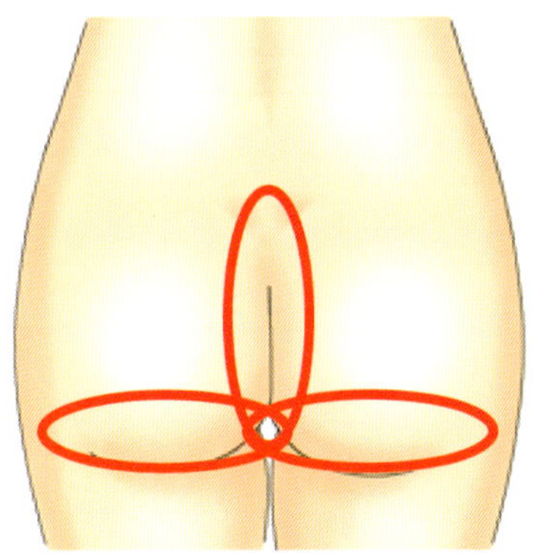

*特别需要臀部去角质的部位*

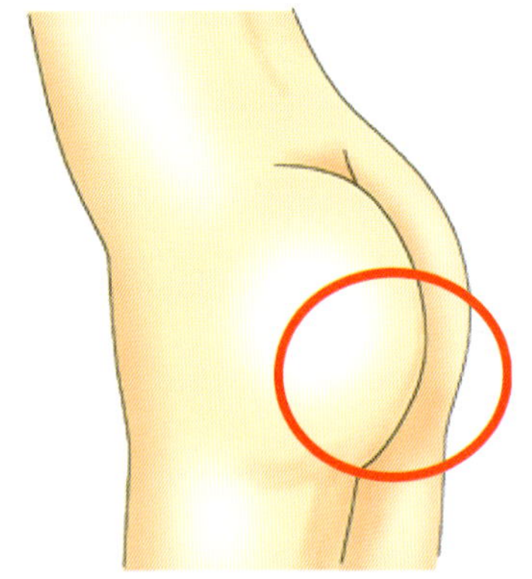

臀部坐肌涂抹身体乳或护手霜的部位

# 日常美臀护理 DIY

女性平常只会在洗澡和上洗手间的时候脱下内裤，所以日常美臀护理的时间，就在上洗手间的时候。

坚持在每次上完洗手间后，在臀部坐肌上涂抹身体乳或护手霜，以补充被摩擦掉的皮肤油脂，并按“捏放法”按摩 30~50 次。

坐肌上这块粗糙的黑褐色皮肤是体质和长期的生活习惯造成的，所以也不是短期内就能恢复原本的细嫩肤色，而且一旦停止护理，很快就又回复到黑褐色的皮肤，因此必须要有耐心，持之以恒，才能见到效果。

不过，如果按本书指导的方法，一个月左右的时间，就会有很大的改善。

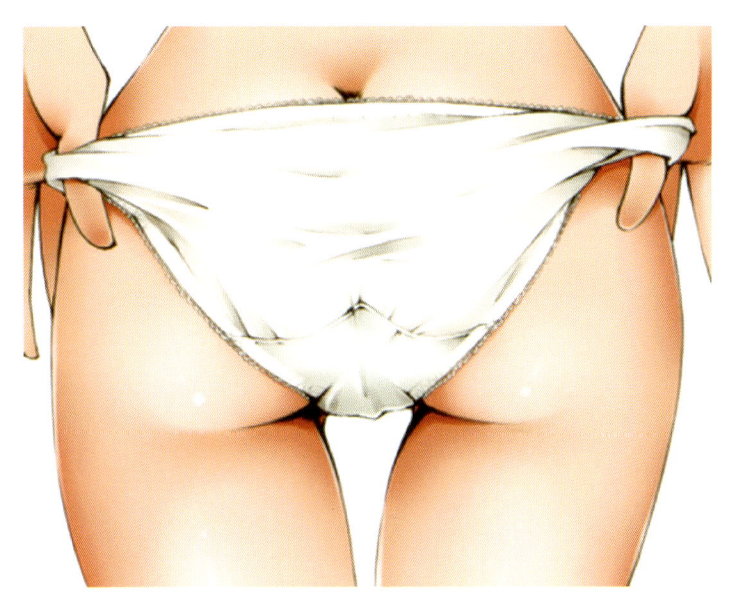

# 肛门的健康

有句话说：“对待肛门要和对待口腔一样。”肛门是用来排泄的部位，又名屁眼，也有美其名为菊花，但人们谈起肛门，往往难以启齿，大多数人可能也没有见过自己的肛门。

在生活品质比较高的欧美国家和亚洲的日韩，对于肛门的保养却是非常讲究的，甚至有专门做肛门保养工作的人。

在平日里如何做到自我肛门保养 DIY 呢？请遵照下列方法：

## 少量而多次地饮水

不管渴不渴，每30分钟饮用一杯100毫升的水。

肠道的蠕动离不开水，现代人工作一忙碌起来，顾不及喝水，甚至用碳酸饮料或咖啡来取代水，这是一个很不好的习惯，非常不可取。

不常喝水，肠道蠕动就难以顺利进行，轻者造成宿便，严重者口臭，脸部长满豆疮，并且容易有痔疮，不可不慎。

排泄时干燥的粪便容易使肛门受伤，开裂并且流血，粪便和伤口的接触，引发伤口感染，是最常见的肛门疾病之一。

## 采用喷洗式马桶

在欧美，甚至是临近的日韩，喷洗式马桶已经是家庭厕所常用的马桶，在酒店、餐厅、百货公司、机场和地铁站等公共场所，几乎都采用喷洗式马桶，只是功能上属豪华型和普通型的不同而已，但是在上海，喷洗式马桶还算是奢侈品，即使是顶级的商务大楼，也没有采用。

喷洗式马桶能够洗净肛门上残留的粪便，强力的水柱更能将水柱灌进直肠内，把直肠内残留的粪便冲洗出来，保持直肠和肛门的清洁和健康。

如果家里没有喷洗式马桶，可以在每次排便后用清水冲洗；如果在外面上厕所，无法用清水冲洗，就用湿纸巾擦拭，可以更彻底地擦干净肛门上残留的粪便。

## 健康美丽的清肠 DIY

喷洗式马桶虽然可以冲洗直肠，但是却无法做到全面的清洗。直肠是有弹性的肠道，肠内有褶皱且布满茸毛，很容易藏匿粪便残渣，粪便残渣发酵后产生气体，就是“放屁”了。

干燥的粪便残渣累积越来越多，就容易形成结石，堵塞直肠，最后容易转变成可怕的直肠癌。

宿便最容易累积在“横结肠”和“降结肠”的部位，小腹凸出的女性，尤其是凸出的部位在肚脐以下（如下页图），不要认为那是因为女性下腹部器官比较多的原因，女性的小腹应该是平坦的，凸出的原因是“宿便”。最好每日早晚各一次用家庭水压的水管把温水灌进直肠冲洗，每次约一秒钟，反复冲洗，直到排出的水干净没有残渣为止，大约 3 次左右就能冲洗干净。

一次是在夜晚睡觉前，不但可以使你不会在睡觉时放屁，还会使你有清爽一夜的感觉；一次是在早上上班前，同样可以确保你至少在中午之前不会放屁，一整天觉得身轻气爽。

即使是排泄物也是有“保鲜期”的，长期滞留在体内的宿便，是肯定会产生毒素的，而且毒素还会被人体吸收，导致身体排毒的机能失常，使皮肤粗黑、老化，严重者更会使身体百病丛生。

用清水冲洗直肠，不仅可以洗净直肠，水压会刺激直肠和乙状结肠之间的“直乙交界”，冲洗出乙状结肠的宿便，促使肠道蠕动，水分还会润滑降结肠，使降结肠的宿便快速排出，让横结肠的宿便快速滑进降结肠，促进排便。

在某些高档的银发族会所，冲洗直肠被称为“肠道 SPA”，被公认为是一种延年益寿的好方法。

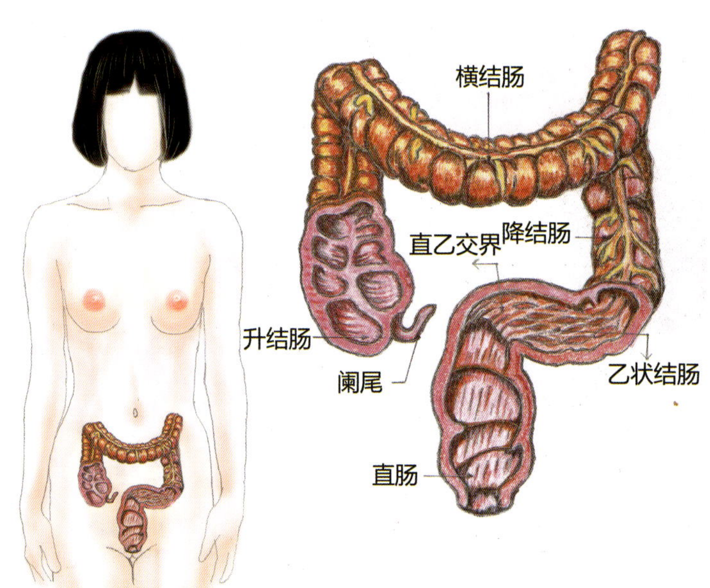

“肠道 SPA”固然可以很有目的性地达到清除宿便的目的，但是如果长期依靠“洗肠”的方式来解决宿便问题，会产生依赖性，甚至到非得利用清肠的方式来排便不可。

笔者建议女性解决宿便最好能从饮食和日常生活习惯上去改善体质，戒除或减量烟、酒、咖啡，用矿泉水或饮用水取代瓶装含糖饮料，多饮水，少吃烧烤和辛辣的食物以及干燥酥脆的零食，避免熬夜，才是根本之道。

# 粉嫩的肛门肤色

有些对生活品质非常苛求的人，不但要求肛门健康，而且还要求有一个粉嫩颜色的肛门。

要求肛门颜色粉嫩的人，连带的也要求股沟的颜色是粉嫩白皙的；其实人类从刚出生开始，一直到青春期，肛门和股沟的颜色是一直保持着粉嫩的颜色，之所以后来会变成褐色，一方面跟年龄逐渐成长有关，一方面则是成年后的生活习惯造成，例如饮食和卫生习惯等。

如果你对生活的品质也很苛求，希望肛门的颜色也是粉嫩的，又不愿意改变生活习惯，以下的肛门美白法值得你效仿。

# 居家嫩肛美白法

## 去角质是不二法门

肛门之所以颜色较深，是因为肛门本是括约肌，皮肤收缩以后就形成较深的肤色。而且因为上完厕所后必须擦拭肛门，皮肤表皮的保护层被用力擦拭掉，可能会擦出伤口或者脱皮，所以肛门不但颜色深，还有结痂和死皮残留。

肛门去角质可以和臀部坐肌去角质同时进行。

## 美白面膜确保细嫩

去角质之后的 1 小时之内涂抹美白面膜是最有效的时刻，可以请男友、丈夫或也想肛门嫩白的闺蜜帮忙，均匀地在肛门和股沟上涂抹市售的美白面膜，在 30~50 分钟内洗掉。和脸部美白面膜不同的是，肛门美白面膜可以天天做。

### 滋润和保湿

做完美白面膜后接着涂抹美白霜或身体乳，为了不让内裤擦掉美白霜，最好是不穿内裤睡觉，或者穿宽松的男用棉质四角内裤，在生理期的期间内暂停肛门嫩白。

## 日常嫩肛美白法

同样的，日常嫩白肛门的时间一般还是在上洗手间的时候，把美白臀部坐肌和美白股沟、肛门的动作一起完成。

清洁完肛门后，可涂抹和脸部美白相同品牌的美白霜，不过在此建议，美白脸部的美白霜必须和美白肛门的产品分开，美白肛门可以用滋润型和强效型的，效果更快更明显。

有位朋友问道："即使有了粉嫩的肛门有什么用！又不给别人看。"其实这就是生活质量的差别，不是自恋也不是挑剔，生活质量上到了某一个阶段，对身体就会有这样的要求。

就像有些人出国后发现某些国家环境非常干净，非常优美，既不吵杂，也不纷乱，内心是喜欢的，却不一定能适应，这就是生活质量上的差别。

# 成就美女之决胜关键 / 健康嫩白的私处

所谓的私处就是身体上最隐私的部位，也是最神秘的部位，最后也会成为最关键的部位。私处的美感是一个时尚又私密的课题，如果有一位美女，私处被亲密爱人认为是“不美”的，那么就只能用美中不足来形容了。

有美感的私处应该包含哪些部位呢？耻丘和阴毛、鼠蹊部、大小阴唇、会阴、肛门和健康的阴道等，不是每个女性私处都是令人见了赏心悦目的，也有令人大倒胃口的，要如何拥有美感的私处呢？

# 决定纯美印象的部位：耻丘和阴毛

私处最外显的部位耻丘（阴阜）位于腹部的最下缘，耻丘以下就是大阴唇，和下腹部一样，有较厚的皮下组织，如果腹部的皮下脂肪比较肥厚，耻丘也就比较肥厚，反之，如果腹部皮下组织比较瘦，耻丘也会比较瘦。

耻丘是阴毛生长最密集的部位，所以耻丘上布满毛孔，阴毛从耻丘向下生长，沿着大阴唇分开成左右两边，会和于会阴，直到肛门周围。

因为具有神秘色彩的阴毛生长于此，所以耻丘也是女性身上一个重要的性感带。

# 阴毛的生长形态

并非每位女性阴毛的形态都是一样的，阴毛的生长形态关系到私处的审美，也关系到女性的体质。

**大菱形**　阴毛的顶端几乎到了肚脐部位，男性比较常见，对女性而言是比较不好看的阴毛形态，有这样阴毛生长形态的女性，阴毛生长会比较茂盛，而且毛发质地比较硬且粗。由于体内的雄性荷尔蒙分泌比一般女性旺盛，可能会出现短须现象，性成熟期比较晚，体质较瘦，皮肤较粗黑，皮下脂肪层较薄，所以乳房扁平或下垂的机率也比较高，要改善这样的体质就必须补充雌性荷尔蒙。有些人会认为阴毛旺盛的女性性欲比较强，其实是误区，相反的，阴毛旺盛的女性反而性欲比较低。

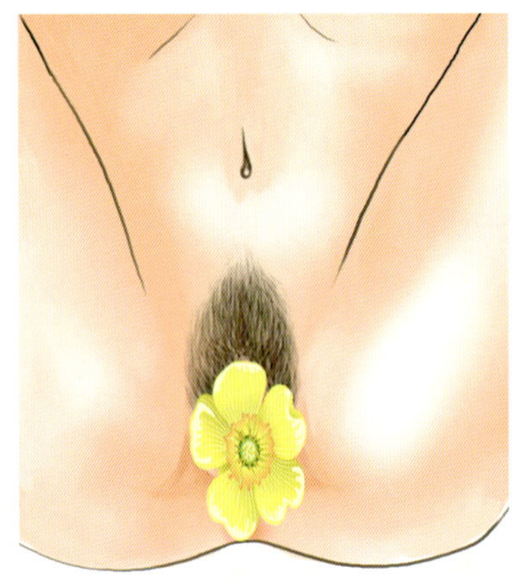

**小菱形** 是大菱形的缩小版，有时也可说成是椭圆形，有这类阴毛生长形态的女性不在少数，这样的女性身材通常比较瘦，偏向健美型，皮肤黄中带黑。

**大三角** 阴毛生长形态是倒三角形的，但左右宽度比较大，像是穿了一件黑色三角底裤般，这类阴毛生长形态的女性也不在少数，这样的女性体质中和，后天的影响比较多，所以身材和肤色都不相同，有胖有瘦，肤色有偏黄也有偏黑。

**小三角**　是大三角的缩小版，像是穿了一件黑色丁字裤，是比较常见的阴毛生长形态之一，这类女性通常有较肥厚的皮下脂肪组织，所以耻丘也高高隆起，肤色偏白，有比较浓郁的女性美，是比较好看的阴毛生长形态。

**四边形**　是小三角和I字型的混合型，上下部的宽度都接近小三角的宽度，就像是放大版的I字型，也是很好看的阴毛形态之一，这类女性体质也是小三角和I字型的混合型。

**I 字型** 阴毛生长形态是直写的 I 字型，被认为是最好看的阴毛形态，这类女性皮下脂肪组织较肥厚，耻丘会高高隆起，皮肤偏白，有浓郁的女性美，通常有这种阴毛形态的女性美女比较多。有的 I 字型阴毛会在 I 字的上方毛量偏多，形成接近小三角型的阴毛形态；也有在 I 字的下方毛量偏多，形成正三角型形态，都是属于 I 字型。

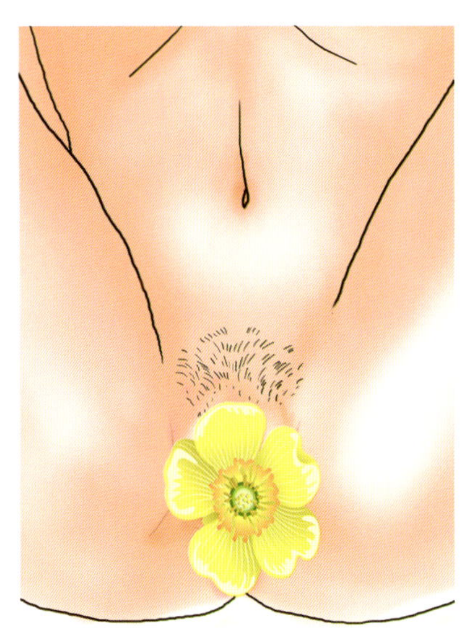

**稀疏型** 阴毛量少，甚至是完全没有阴毛，阴毛细软，有些女性阴毛颜色还比较淡，这类女性也是皮下脂肪肥厚，造成耻丘高高隆起，皮肤比较白，有浓浓的女性美，通常也都是美女居多。

# 修毛的必要性

传言说阴毛少或没有阴毛的女性“克夫”，其实是没有科学根据的，阴毛较少或没有阴毛的女性，体内的雌性荷尔蒙激素较一般女性旺盛，反而是极其温柔的女性，对丈夫的照顾无微不至，所以对丈夫的事业肯定能起到帮助作用的，何来“克夫”之说。

私处在现代化高品质的纺织工艺和品质优良的内裤保护下，阴毛已经是身体多余的产物，有传言说阴毛可以对私处起到“通风换气”和“阻挡汗液”的目的，所以阴毛稀疏的女性反而要去植毛，那简直是胡说八道。

阴毛不仅是多余的，反而是性爱时容易致病的根源，首先是平时羞于清洁，阴毛容易藏污纳垢；其次是性爱时容易把阴毛扯断，跑进阴道中，而阴道内部就像是弹簧一样的螺旋构造（如图），阴毛一旦进入阴道内，就夹在螺旋中不容易清洗出来。

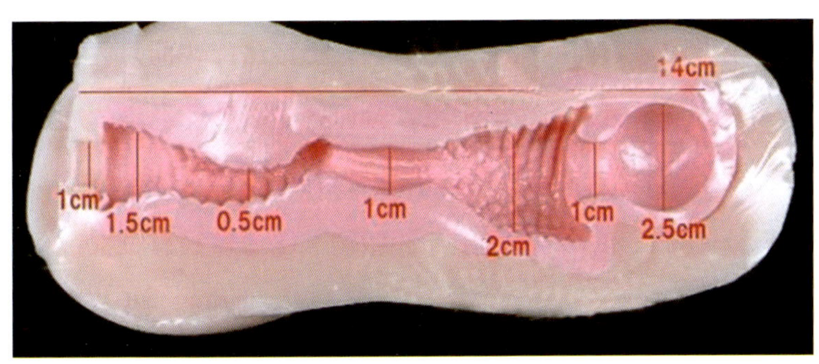


女性阴道内部剖面模型图—阴道内呈弹簧型的螺旋构造，很容易夹藏阴毛，不易清洗

最容易夹藏阴毛的两个部位，子宫颈口是最难清洗的地方

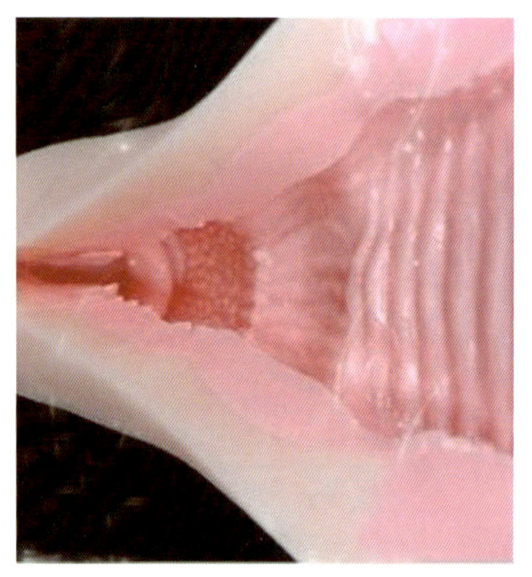

阴道口模型的剖面

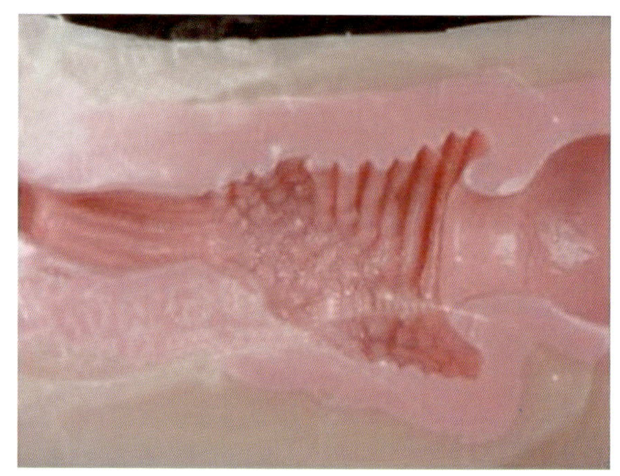

子宫颈口模型的剖面

双腿活动时阴道和跑进阴道里面的阴毛产生摩擦，造成瘙痒，而且因为摩擦所以容易破皮，阴道会分泌许多分泌物试图冲出阴毛，分泌物过多就容易滋生细菌，所以说阴毛是致病的根源，尤其是自己大阴唇周围的阴毛和男性伴侣的阴毛。

修毛是必须的，而且是男性和女性都必须一起做的；笔者曾经有位女性友人经常有阴道炎症等妇科病，不好意思去看医生只是吃药，却始终不见好转，生活非常苦恼。笔者带她去看一位熟识的女医生，结果从阴道内洗出 9 根阴毛，而这位女性友人是阴毛稀疏型，所以断定那 9 根阴毛是她男友的。

穿比基尼泳装或穿低腰裤的女性都知道，为避免露出尴尬的黑影，比较开放的女性都时尚修毛或除毛，这包括腋毛在内。

# 修毛的方法

不管是阴毛或腋毛，修毛的方式基本是相同的，第一次除毛，首先将局部洗干净，均匀地在所有长毛的部位抹上除毛膏（必须在保质期内），约 5~10 分钟（看除毛膏的说明）后用湿毛巾稍微用力的擦拭掉，这时体毛就会脱落了。

有时可能会有残余的毛根或新长的细毛没有脱落，可以用男用剃刀型的刮胡刀再剔除残余的毛根，男用剃刀型的刮胡刀比较安全，不太会弄伤皮肤。

剃毛时可以用剃须膏、润滑液或乳霜香皂作为润滑，剃完后摸摸看是否还有毛根未剃干净，直到没有扎手的毛根后，用温水冲洗后擦干，再抹上身体乳液，就完成了。

刚开始剃毛会有骚痒感，主要是皮肤表皮的保护层被刮掉，皮肤干燥所以会骚痒，需要一段时间适应，涂抹身体乳液是缩短适应时间的好方法。

# 修毛后的阴毛形状

修毛的目的是使阴毛不再因为性爱的原因，跑进阴道里，所以大阴唇的阴毛都必须剃除，只有耻丘的阴毛可以保留。

在欧美日韩等国，修饰阴毛不一定是自己修饰的，会有专门修饰阴毛的美容院来做，跟做美发一样，可以电烫也可以染色，在上海也有专门修饰阴毛的美容院，只是大多是外国人光临。

修毛是非常时尚的行为，可能对某些保守的人看来是匪夷所思的，也可能对有修毛习惯的人士有异样的看法，其实这只是两种不同观点的人群，对同一件事有不同看法而已，没什么可大惊小怪的。

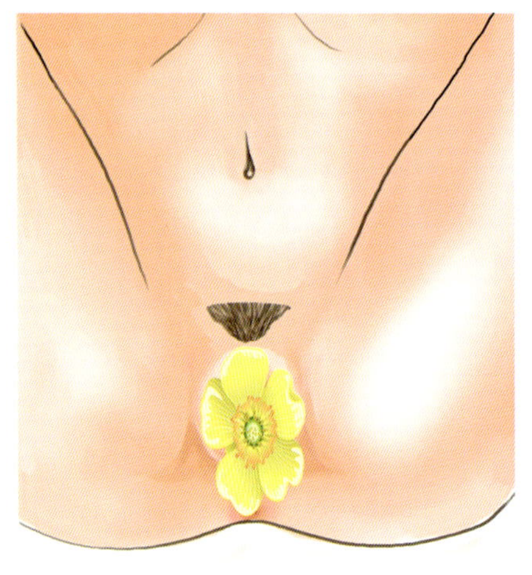

**超小三角型** 比较适合阴毛柔细蜷曲的女性，尤其是白种人和黑人，先在耻丘部位划定一个三角区域，把这个三角区域的阴毛蓄留下来，就成了超小三角型。

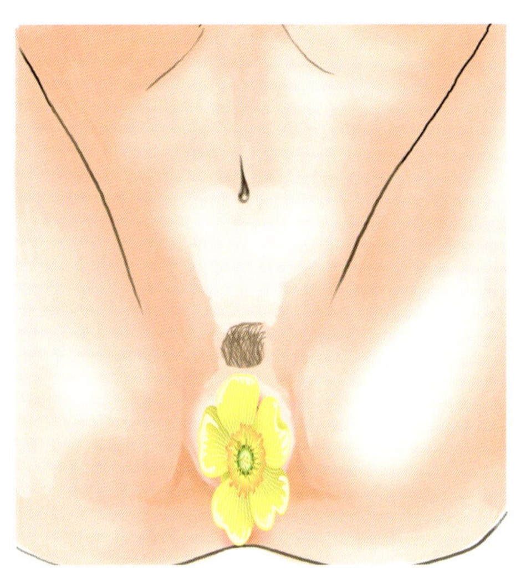

**一撮毛型** 适合阴毛比较直而小蜷的亚洲女性，先在耻丘部位划定一个区域，通常是圆型、四方型或不规则型，在这个区域留下一撮长长的体毛，非常有特点。

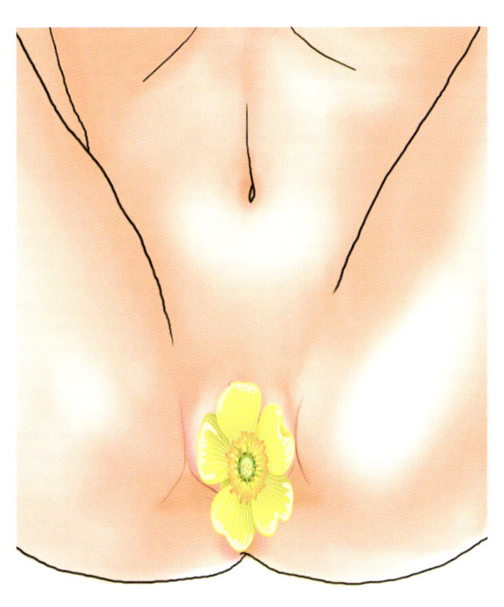

**无毛型** 最常见也是最干脆的修毛形状，任何女性都适合，自己也能动手完成。男性也很适合这样的方式。

温馨小贴士

女性大多能接受修毛或除毛的建议，只是觉得麻烦而已，但是和阴道炎等妇科病相比，除毛还是轻松的。

男性大多不能接受除毛的建议，觉得好像失去男性雄风一样，其实如果考量到女性伴侣的健康，男性更应该主动除毛，毕竟只有女性除毛是不够的，最主要的还是在男性。

# 纯洁的象征之一/鼠蹊部的肤色

因为走路或运动时大腿鼠蹊部会和底裤、裤装的摩擦，加上关节部位肤色也会比较深，鼠蹊部的肤色通常呈浅褐色到深褐色的肤色。

如何使鼠蹊部（包括整个会阴部位）恢复到少女时期的白皙呢?

## 选择正确的内裤材质

棉质和莫代尔柔软的面料比化纤面料要好得多，腿部活动时鼠蹊部的摩擦比较小，角质层比较不会大量产生。

皮肤角质层是用来保护皮肤的，如果摩擦多了，角质层也会产生较多的角质。

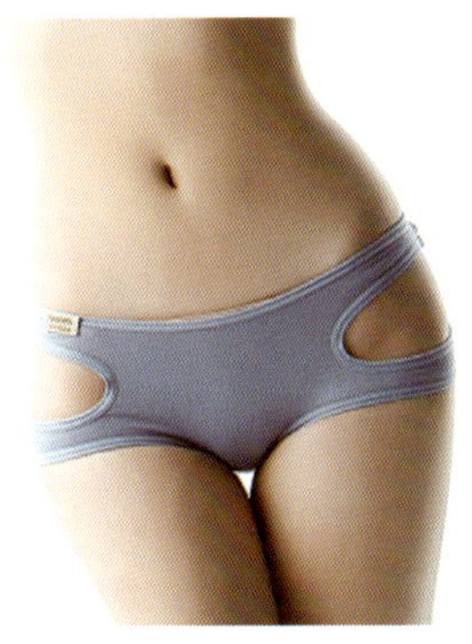

## 运动后清洗并去角质

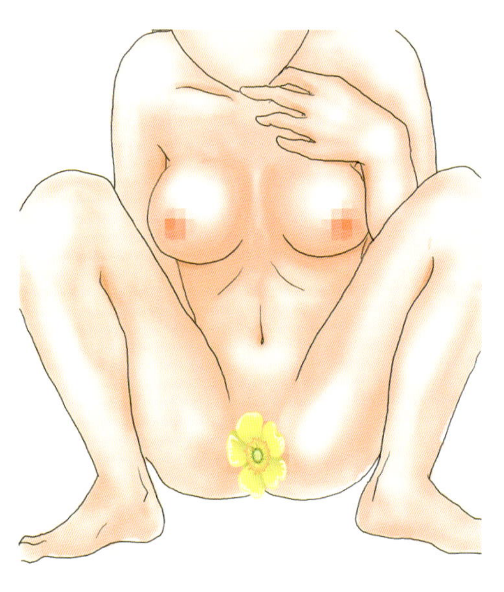

运动时的摩擦和汗水中的盐分，都会使得鼠蹊部肤色变黑，记得运动后立即洗澡，并且稍微用力搓洗鼠蹊部。

清洗私处时宜采用蹲姿，沐浴后能立刻去角质则更佳，去角质时，先擦干鼠蹊部的水分，把去角质霜在手掌上抹开，均匀涂抹鼠蹊部，等待 10 秒钟后用手掌或用去角质手套搓揉，会 搓出一粒粒死皮屑，直到再也感觉搓不出死皮屑为止。

## 美白面膜也有效

沐浴、去角质和美白面膜是一个流程，鼠蹊部的美白面膜护理是可以每天进行的，在欣赏喜欢的电视节目的 20 分钟里，可以抹上美白面膜，或是把贴脸式的面膜剪成两半，贴敷在鼠蹊部位。

# 纯洁的象征之二／大小阴唇的肤色

大阴唇的皮肤因为有阴毛的毛孔，加上是鼠蹊部的延伸，所以肤色相对的比鼠蹊部还深些。美白的方法和美白鼠蹊部相同，还可以抹上脸部用的美白精华，一天至少两次，想要大阴唇更粉嫩的女性可以每天增加 1 次。大阴唇除毛后效果会更明显。

小阴唇位于大阴唇内侧，不长阴毛，表面光滑细腻，富有弹性，湿润似粘膜，有皮脂腺分布，皮下有丰富的血管、弹性纤维和少量平滑肌，并有丰富的神经分布，对触摸、碰压很敏锐，表皮有色素沉着，常呈肉红色、灰色、浅褐色等。成年女性会从小阴唇外围开始出现浅灰色，随着年龄和性行为、分娩的次数，逐渐从浅灰色转变为深灰色，甚至变成黑褐色。

小阴唇的大小、薄厚、形状和肤色都因人而异，对性反应均无明显影响，有的小阴唇很窄，有的却长得很长，有的十分肥厚，有的却很单薄，有的呈不规则状、有的呈蝶翼状。

小阴唇在性爱过程当中会因为性兴奋，颜色会变深，体积会增大，等性兴奋消退了，就恢复原来的颜色。

粉嫩的小阴唇肤色对美感私处是关键指标，但是小阴唇实在太小，又软又薄，保养不易，其步骤和方法都和保养鼠蹊部、大阴唇相同，且同时进行。

笔者曾经访问过一位以美丽私处著称的成人电影女明星，问她私处保养的秘诀，她的回答很具有震撼性，以下便是她的回答：

## 使用最好的美白产品

把私处当成是身体上最重要且最美丽的部位，虽然私处不轻易视人，但是能见到私处的人却是最重要的人，所以只要有好的美白产品，她买回来后除了用在脸上，也用在私处上。

## 清洗私处比洗脸勤快

除了一天定时的两次淋浴，工作和运动结束也会清洗私处，上完洗手间不管大小便也会清洗私处，性爱前后也清洗私处，算下来一天要清洗 10~15 次左右，算是洗得够勤快的了。

## 美白精华用得也够勤

每次清洗私处后，她总是会再抹上美白精华，因为局部比较小，只抹在小阴唇上，所以用量也不多，长期下来一直保持着粉红的颜色，可能羡煞了不少女性吧。

## 能不穿内裤就不穿内裤

她也会选择质地柔软的内裤，但是她知道，再柔软的面料都不如不穿，而且她个人喜欢穿裙装，所以每次穿裙装时，她都不穿内裤。其实很安全，当她去公共场所时会穿内裤，其他时间则甚少穿，因为没人知道，也没人去掀开她的裙子。

那款电动洗脸刷在私处去角质这方面也是用得上的，但是私处周围的皮肤都比较细嫩，使用的时间不可太长，视情况 2~3 天去角质一次，主要去角质部位像鼠蹊部、会阴、大阴唇和小阴唇，尤其是小阴唇在去角质时必须特别细心，不可因为心急而损伤皮肤。

# 健康的阴道

首先要判断什么是不健康的阴道!

一闻。闻一闻私处和内裤的裤裆，是否有难闻的味道。健康的阴道是不会有难闻的味道的，不健康的阴道则有难闻的臭味、酸味和鱼腥味等，这包括在内裤裤裆上的味道。

二看。看一看阴道分泌物的颜色，阴道口皮肤的颜色和内裤裤裆上分泌物的颜色。健康的阴道分泌物是透明带点白色，皮肤则是光滑洁白，内裤裤裆一般不会有残留的分泌物，即使有，也是无色的。

不健康的阴道的分泌物则呈现白色、黄色或黄绿色等，更甚者有褐色，咖啡色，甚至带有血丝，这包括残留在内裤裤裆上的分泌物颜色。不健康的阴道肤色则呈灰色、泛黑色，甚至有红斑、溃烂等现象。

女性阴道不健康的原因，多半来自和性伴侣的不洁性交，有一部分则是自己的卫生习惯造成，要如何保障阴道的健康呢?

# 适龄女性阴道健康的预防方法

## 随身携带安全套

有人会奇怪地问："这个好像是男性该做的事。"事实上笔者也这么认为，但是男性会随身携带安全套的人真是少之又少，女性一旦动情时，男性又没带安全套，真是一件令人苦恼的事，根据笔者访谈，通常这种情况下，性行为最终还是会发生，而且事后令人后悔的机率非常高。

有了安全套，性行为的安全性也会提高，为了保障自己的安全，为了安心地享受性爱的过程，为了不使自己有后悔的机会，女性应该要随身携带安全套。

## 要求性伴侣在性爱前洗澡

男性生殖器的阴毛和龟头包皮是最容易藏污纳垢的地方，可是大部分男性都忽略了性爱前的清洁，有的男性更认为性爱前刻意的清洗性器官是多余的，是缺乏男性气概的事，这其实是对女性很不负责任的行为，女性必须在这时候严格督促性伴侣把这两处洗干净了才来。

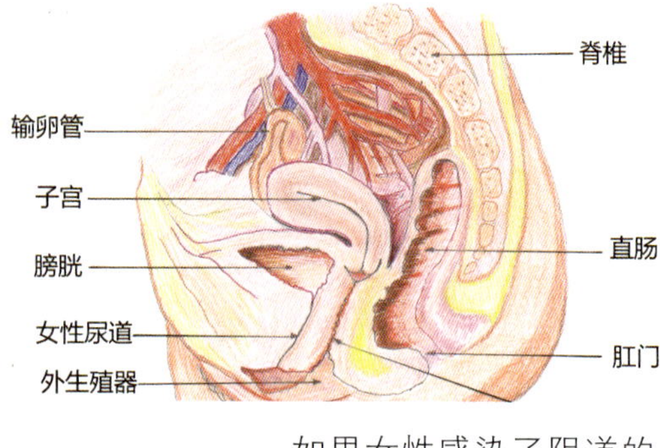


## 要求性伴侣也共同预防

男性不像女性那么容易感染性器官方面的炎症，即使男性感染了某些性器官的炎症，也多半不会造成生活上的苦恼，甚至是以带原者的形态出现，所以男性经常扮演性病和生殖器官炎症的媒介者。

如果女性感染了阴道的炎症，而没有和性伴侣一起医治，根本就无法治愈，因为会一直和性伴侣保持着“乒乓感染”，你感染我，我感染你，等病医好了，又因为性行为再度感染，终究没有治好的一天，而且还会使病菌产生抗药性，甚至到了没有药可医治的窘境。

**温馨小贴士**

女性的尿道口离阴道口非常近，不超过 2 厘米，而尿道也很短，约 3~6 厘米，因人而异，但是不管是不是最长的，都太短了，这么近又这么短的尿道口，注定了尿道炎和膀胱炎是女性最容易感染的妇科疾病，从女性生理的特性来看，私处的清洁和健康是女性一生的课题。

女性要养成在每次性行为结束后排出小便的习惯，尿液在膀胱里会保持着无有害细菌的环境，但是当尿液派出体外时，细菌便开始滋生，女性利用排尿的动作借机冲洗尿道。

当然了，清洁外阴部也很重要，所以这三步骤要记住了：第一步，喝一大杯温水，不然排尿的水分从哪里来，不要喝冰水，也不要喝饮料；第二步排尿；第三步洗澡。

## 除毛是保障的方法之一

女性不但要自己除毛，至少是大阴唇周围的阴毛，也必须要求性伴侣除毛。除去阴毛不但是避免感染阴滴虫的方法，也可以看清性伴侣私处的皮肤有无病变，在可能感染炎症之前赶快煞车。

在欧美，除毛是上流社会男女最常做的，一般乡下人还不会去做，所以除毛被称为“playboy style”。在性开放的国度里，这是给性伴侣安心的一种表现。

在欧美日韩比较时尚开放的女性甚至不跟留有阴毛的男性发生性行为，这也是保护自己的一种措施。

## 大小便后清洗私处

有些女性没有性行为，甚至还是处女，可是还是有阴道健康的问题，其原因多半来自便后没有彻底清洁。

不管是大便还是小便，便后都应该清洗私处，尿道口距离阴道口不过2厘米左右，尿液一离开膀胱后，很快就会滋生细菌，细菌不但容易感染尿道口造成尿道炎，甚至会造成膀胱炎，也会感染阴道，造成阴道炎，所以小便完后光用纸擦是不够的，还必须用水洗，最好是用喷洗式的马桶，如果没有喷洗式马桶的设备，在家里可以用淋浴的莲蓬头冲洗，再用专门准备来擦拭私处的干毛巾擦拭。

如果不是在家里上洗手间，至少要用湿纸巾擦拭过后再用干纸巾擦拭一遍。

大便也是和小便一样的程序，没有擦干净的粪便残留，尤其是残留在内裤上的，最容易感染阴道口，造成阴道炎，是没有过性行为的女性却感染了阴道炎最主要的原因之一。

**温馨小贴士**

在东京工作时观察到女性同事都会拎一个很可爱的小化妆包去上洗手间，而上海的女同事则喜欢“刷、刷、刷”地抽取放在桌上的卫生纸，让同事们都知道这位可爱的女同事即将要去干嘛了，搞得有点尴尬。

拎个小化妆包去上洗手间是一个满优雅又方便、又有用的好习惯，值得学习，小化妆包里放着纸巾（用于擦拭马桶座或擦拭便后痕迹）、小毛巾（用于擦拭使用喷洗式马桶喷水洗净后潮湿的臀部或沾湿拧干彻底擦拭便后痕迹）小瓶可喷雾的消毒药水（用于消毒马桶座）、小瓶香水（用于喷在洗手间或身上，使空气气味比较舒适）、小瓶美体乳或护手霜（用于涂抹在臀部，使臀部皮肤保持水油平衡，保持细腻光滑），此外还有唇膏、折叠式小梳子、卫生棉垫和一条备用内裤等。

## 便后向后擦拭肛门

大部分女性在还是年幼的时候，父母亲就会亲自教导，大便后擦屁股要向后擦，可是还是会有少数的女性忽略了；大便后向前擦拭肛门是非常容易引发阴道炎症的，因此要切记，大便后必须向后擦拭肛门；而小便后却是从后向前擦拭尿道口。

## 小心马桶坐垫的感染

家里如果有人感染性病或生殖器炎症，使用的厕所必须要严格地和其他家人隔离，如果只是轻微的炎症，则使用前必须用消毒药水消毒过马桶坐垫，方可使用。

如果出门在外，使用外面的坐式马桶，最好随身携带小瓶装的消毒药水用卫生纸沾药水擦拭马桶坐垫，再来使用。

## 勤换内裤确保私处干爽

前面谈过内裤的材质最好是棉质或莫代尔，然而勤换内裤也是必须的，女性最好皮包里放一两条干净的内裤，并且用密封包包好。一是下班前更换，二是如果有运动、性爱或抚摸性器官后更换；女性有时也有突然拉肚子弄脏内裤的时候，或奔跑的时候容易露尿，也是必须更换的。

切勿为了求干爽而在私处喷抹爽身粉，这容易诱发卵巢癌，不可不慎。

## 内裤不可和袜子一起洗

女性清洗内裤时最好能先泡洗衣杀菌液约 20 分钟，然后用手和流动的水清洗。如果要用洗衣机洗，也必须和袜子分开洗，使用洗衣机时，先洗内衣裤再洗袜子。

和家人同住时，女性的内裤不可和家人的衣物一起用洗衣机洗，最好养成洗完澡就顺便把内裤洗干净的习惯，并且不要挂在浴室里阴干，必须充分地照射阳光。

洗衣机不使用时，盖子不要盖上，让洗衣机内胆干燥，脏衣服不要在洗涤之前就扔进洗衣机里，应该另外用篮子装好，保持干燥。

笔者在访谈的过程中发现，一般所谓的“美女”都普遍有阴道炎症，这也许是因为她们的男性性伴侣的缘故，希望本书能够给女性一些信息和建议，不但使女性美得彻底，而且没有烦恼。

温馨小贴士

有些单身一人独居的女性，迫不得已的要把内衣裤晾在阴暗的浴室里照不到阳光，因为他们怕坏人会从晒衣架上观察到屋子的主人是独居女性，而内衣裤又特别会引人遐思而使坏人对她们产生非分的歹念，或者危害到她们生命、身体和财产的安全。笔者建议有这种担忧的单身女性，可以准备一套警察或武警的衬衫和帽子，跟内衣裤同时晾着，坏人一看还以为这家男主人是警察或武警，也就不敢轻举妄动了。

# 女人我最性感

性感意指对于某人（一般互指异性，男性对于女性，女性对于男性）的身材相貌、穿着打扮、造型化妆、肢体动作、眼神表情和言语谈吐等有形吸引力，甚至是体味、气质等无形吸引力，产生了与“性”有关的好感，进而引发性幻想、挑起性欲等，便称为“性感”。

而所谓的“气质”是指有一股能够吸引他人（包括同性）的个人魅力以及一份可以恰如其分地展现个人内在美和自身优势的智慧。

性感在生物体上有两个意义：一是作为生殖和享受欢愉的信号；二是表现身体的健康状况及生活质素的信号。由于身材相貌和衣着打扮是较为直接引起性魅力的原因之一，因此姣好的身材和显示身材的打扮（多指暴露较多或贴身的衣着），会用“性感”一词来形容。

# 性感符号

性感符号是指某男性或女性（尤其指公众人物），其身上的特征被大众（包括异性和同性）发现具有非常性感或非常有性的吸引力，而成为梦中情人或性幻想对象的；其特征包括性感的身材和相貌、性感的穿着打扮、性感的化妆造型、性感的肢体动作、性感的眼神表情、性感的言语谈吐等，当然还包括了无形的性感气质。

一般来说性感符号大多是迎合异性恋的，如果是迎合同性的多被称为同志偶像，但其实同性之间也会互相吸引，但多数是成为学习、模仿和仰慕的对象，而不一定就是性幻想的对象。

# 第二性征

性感的表现多以第二性征为主，有露体和露形两大类。露体为表露出皮肤，意味着没有掩饰的肌肤之亲；露形则表露出身材的曲线，意味着裸体的幻想。

性感的表现手法可分为露体不露形、露形不露体或形体皆露。露体显示女性皮肤是白皙柔嫩或呈现蜜糖色，细嫩光滑无疤痕且体毛光洁；露形则显示女性有运动习惯，饮食控制得当，身材纤细、胸部和臀部的形体美等，都是在表现女性身体的建康状况及生活质素的高低。

# 非肉体的性感

非肉体的性感，如智慧、勇敢、权力或财富。首先表现在内在气质，其次是语言表达、包括声线、声音。第三是举手投足引起的感觉，第四才是迷人的体形。

**温馨小贴士**

有些人可能会认为女性穿得少一点，紧身一点就是性感，其实不然，那只能说是节省布料而已。

性感的体现是综合的，首先感受到的性感体现是气质，吸引人们去亲近的气质，然后是肢体动作，亲近后才会发觉原来她的穿着很迷人，直到听到她的谈吐，才能体验到完整的性感。

# 女性的性感

通俗地说，女性的性感就是女性身上的某一部位能引起男性在性方面的一种反应和感觉（其中包括生理的、心理的或情绪上的反应和感觉）。

小说里说的“唤起性欲望”、“引起性兴奋“，乃至性刺激等，都属于这个范围。

宽泛地说，女性的声音和气味也可以引起男性的性反应。随着人类文明的演化，视觉已超越听觉、嗅觉而成为男性接触女性印象的第一感觉。因此，通常所说的性感，基本上都是对“视觉“这一点而言的。

女性表现在第二性征和其他部位的性感度十分重要。女性的性感主要表现在胸部、臀部或匀称的大腿上，有时也表现在小腿肚、脚趾、手指、臂膀、肩胛、脖颈、头发、嘴唇等部位，即使是外表虽不暴露但清纯美丽的女性也会显露出性感的一面。

据调查，多数男性对性感的女性是充满兴趣的，“性感”对于女性来说十分重要，是展现女性魅力的一个重要指标。

有些男性非常会欣赏女性，女性只要展现些微的性感度，在这样的男性眼中，女性的性感度能完全被吸收；有些男性则比较腼腆迟钝，女性必须展现更多的性感，才能引起注意。所以相同的性感度，在不同男性眼中，被接受的程度也不同。

美丽的女性会自然的散发出一定程度的性感，性感的女性也会在性感中散发出相当程度的美丽。而有些女性实际上是美丽，而不是性感，也就是说，她实际上使人获得的只是美感而不是性感，虽然两者可能都会引发行幻想，挑起性欲。

美感和性感也有融为一体的时候，若以性感为题，美感和性感似乎有着微妙的差异。有些少女让人感到纯洁可爱，令人有怜爱之心，而不会使人产生邪念，升起性欲。而另有一些充满性感的少女，却会使男性销魂落魄，心旌摇曳，性欲之火油然而升。

那么，女性要如何才能使自己具有性感而富有魅力呢？除了先天的条件和后天的滋养之外，得体而适当的打扮是非常重要的。

有些女性穿上一件得体的衣服，会容光焕发，浑身充满魅力，令人艳羡不已；而换一身糟糕的衣服，便马上黯然失色，生气全无。

有些女子一披长发便富有性感和魅力，而剪成短发则显得平平常常，毫无魅力。这都因人而异，全看你自己如何包装。

# 性感的身材相貌

多数女性会认为胸大屁股翘的身材，才是最性感的；所以也只有漂亮的脸蛋才能称为性感。这其实是个误区。一位身材姣好，呼之欲出的女性，穿着比较性感的服饰，确实会让人感觉惊艳，性感绝伦；反之，一位身材姣好的女性穿着密不透风，包裹得严严实实的，就像怀里揣着价值连城的宝贝，人人都知道那个宝贝藏在哪里，却吝啬地不愿露出宝贝的一角，自然也感觉不出一丝性感了。

身材好只能说是优势，做起性感的造型比较容易；身材不好却不能说是劣势，只能说缺乏先天的优势，但是也可以靠打扮营造性感氛围。具有优势固然极佳，缺乏优势仍然可以创造优势，重要的是你怎么去运用它，补足它。影视圈里不是也有身材不算特好，甚至有点骨感的女星，也能让人感受到她的性感。

貌美的女性不需要加以妆饰，便可巧笑倩兮，美目盼兮，但如果表情呆若木鸡，甚至是轻蔑鄙视，那就只能被冠上“冰山美人”或令人摇头叹息的份了。

同样的，相貌中等美丽的女性，可以利用化妆、微笑和眼神，向所有见到她的人传递快乐和性感的信息，但这样的女性受欢迎程度往往要大大超过相貌美丽的人。

现代的女性往往吝啬于给不相干或不认识的人，留下美好印象，美而冷漠和美而现实，将随着时间的流逝，终将剩下冷漠和现实，像已故的国际女星奥黛丽·赫本，随时对着任何人都是温柔和微笑。

笔者在日本经常能见到柔美的女性对着不认识的人礼貌性地点头和微笑，但是在中国却未曾见过，这正是现代中国女性需要加强的地方。



**温馨小贴士**

无论是在地铁里、公交里或者在马路上行走时。总是很难看见面带微笑的女性，太多是僵直着脸，仿佛周边的人全是坏人一样。

笔者经过问询和调查，回答大多是：“我跟这些人又不认识，又何必微笑。”还有女性回答：“因为男人都不绅士，所以我们女人也不必太温柔。”

在这里笔者就要建议女性应该经常保持微笑，保持微笑并不需要耗费太多的卡路里，还可以防止皱纹过早产生，微笑还可以美化女性的容貌，把不好的心情改变成美好的心情，笔者甚至还认为女性的微笑有助于世界和平呢！

所以可爱的女性们，微笑起来吧，管他男人绅不绅士，我们自己先改变自己，咱们来微笑吧！

# 性感的穿着打扮

适当裸露的穿着打扮可提升性感度，性感的穿着包括低胸上衣、露背装、比基尼泳装、内衣外穿、热裤、深V上衣、迷你裙、半透明薄纱、细肩带上衣、小可爱上衣、连裤袜和丝袜等。

若隐若现和不经意的裸露比刻意裸露要性感；同样短的短裙和短裤，短裙就比短裤性感；裸露肚脐，甚至是肚脐钉和裸露后腰部的刺青，是在夏天被公认最性感的打扮之一。

稍微露出屁股蛋或露出股沟的短裤，和前面低到露出“黑影”的短裤，这种性感尺度敢穿的MM不多，已经到了喷鼻血的性感。

连裤袜是女性在冬天显现性感的方式，如今的连裤袜主要设计供给女性穿着，男性除非有特殊目的，否则是不会穿的。连裤袜已经延伸成“打底裤”，同长袜一样，质料有棉质、尼龙、羊毛混纺等。裤袜出现在20世纪60年代，并成为长袜的另一种可选的下身服装形式。设计供女性穿着的连裤袜一般被定位成用以展现女性双脚线条秀丽感。

丝袜，是一种尼龙薄袜，属于现代袜子的一种，有中长短的分别，多数丝袜是连身的，皮肤色的，透明感高的。据知丝袜是1938年（即第二次世界大战期间）在美国发明的，当初是深色半透明的材质。

因为穿着连身的丝袜，而导致上厕所时不方便，因此有了所谓的大腿袜，大腿袜通常搭配上性感的蕾丝，和各式各样的花纹作陪衬。有些没有松紧带的大腿袜，则需要吊袜带勾住，这种丝袜称为吊带袜。

另有一种开档的连裤袜，主要也是因为上厕所不方便，加上冬天坐马桶感到冰冷而发明，穿着方法是先穿裤袜再穿底裤。

有些丝袜强调腿部线条的装饰花纹，有些则以不同织法强调腿部曲线的呈现与调整，而有些丝袜可带来诱惑（如：鱼网丝袜），因此今日的丝袜主要用以展现女性双腿线条的修长和性感。

由于尼龙易引火，部分航空公司的飞机火灾处理标准程序会要求女性空服员在火灾发生时需先脱下丝袜。

# 性感的造型化妆

一般说来，长发比短发性感，短发又比长发干练；鬈发比直发性感，直发比鬈发清纯；披单肩的长发比披双肩的长发性感，披双肩的长发又比披单肩的长发年轻俏丽；头发放下来比盘发性感有女人味，而盘发比头发放下来看起来专业犀利；染发比不染发性感活泼，有些发色还能显皮肤白，例如亚麻色头发，乌黑的头发比染发看起来忠诚可靠；所以女性多几顶假发不会错。

烟熏妆比淡妆、裸妆、甜美妆等都要显得性感；戴美瞳比不戴美瞳性感；鲜艳浓烈的唇色比清新淡雅的唇色性感；戴长耳环比耳钉性感；不戴眼镜比戴眼镜性感，但是有时戴上眼镜比不戴眼镜性感，尤其是戴上太阳眼镜。

性感的造型化妆必须看场合，工作上班时间内不适合，除非你的工作是明星或模特，如果是全女性或以女性居多的工作环境，而时常要和公司以外的男性会晤，适当的性感造型和化妆是有助于业务推展的，例如像服装设计师、艺术家、音乐工作室的工作者、搞创意的设计师等。

# 性感的肢体动作

穿着无袖上衣向出租车招手，被认为是最优雅的手臂的性感动作；穿着短裙和露脚背、脚趾的高跟鞋时，一只脚站直，一只脚曲膝，这是最性感的腿部动作之一；穿着短裙跷腿，并把高跟鞋吊在脚指头上，就更性感了；穿着低胸上衣时，挺胸并把上身前倾，露出事业线，这是凸显胸部最性感的姿势，如果再上下左右的摇晃，性感就破表了；同样的，穿着紧身短裙或短裤时，把臀部撅起来，摇晃着臀部，凸显臀部的圆翘，这是臀部最性感的动作，如果稍微露出底裤，性感也是破表。

性感的肢体动作不适合在上班时间内发挥，尤其是以男性为主或男女同事各半的工作环境，这包括平常的工作、会议、或工作中场休息的时候，容易给同事奇怪的印象，也容易传达错误的信息，让其他同事误以为你有什么目的。

但是酒店、餐厅和护士这样的工作除外，在酒店工作的女性除了在大厅不适合有性感的肢体动作，其他场合都没有关系，不要性感过了度就行；在餐厅工作的女性就完全没有不适合的时间和场合了。从事护士工作的女性除了在病危病房和加护病房里不适合有性感的肢体动作，其他场合都可以尽情展现性感的姿态。反倒是这些场所工作的女性完全找不到一点性感的味道。

## 性感的眼神表情

会放电的眼神是最性感的，是怎样的眼神才能放电呢？迷离的，朦胧的，有深邃的含义的，再加上一个浓艳的，不露齿的嘴唇不削的微笑着，这就是性感的眼神表情。

眼睛虽然睁开一半，但能看到眼球，也能感受到正在注视着准备要放电的那个人，犀利地瞄准他放出百万伏特电压，准能把他电得浑身哆嗦。

有些女明星也许不是很漂亮，或者身材不是最棒的，但是穿着打扮、肢体动作和眼神表情却能表露出无比性感的魅力，因此性感的魅力能补充美貌和身材的不足。

性感的眼神和表情是可以训练得来的，看过一些女明星性感的眼神吧？如法炮制地找一面大镜子，对着镜子里的自己放电，练习一下性感会放电的眼神，直到能把自己也电到为止，也顺便练习一下上台讲话应有的表情。

很多女性在控制自己表情的能力上有点欠缺，有些女性穿着性感，有着漂亮脸蛋，却往往表情僵硬，甚至会出现翻白眼或鄙视或惹人厌的臭脸表情，但也许个性并非如表情一样，其实是很好相处的，只是表情不知如何控制罢了，反而被人误解了，被当成是人美心不美，所以对着镜子讲话，修正自己的表情，随时放电，能够让你人缘更好。

性感的眼神和表情只适合发挥在私人场合，例如有异性在场的聚会、和闺蜜好友旅游逛街、独自一人在公共场所中，都可以对准了想放电的人放电，除非你真的喜欢这个被你放电的人，希望能有最终的结果，那你可以大放特放，如果只是逗逗而已，时间和次数不要太长，以不超过三次为限。

# 性感的言语谈吐

影视界里有些以性感著称的女明星，除了穿着打扮、肢体动作和眼神表情够性感外，言语谈吐也是表现性感非常重要的一环。沙哑的，或嗲声嗲气的，低沉的，气音的，鼻音的，软绵绵的，所谓的“港台音”，像这样的音调，无论讲出什么话来，都是性感的，包括骂人的话，就算是骂人的话，听起来也受用，而且往往是骂人的话，听起来更符合那句“打是情，骂是爱”的含义。

但是千万别在说骂人的话时转变音调，否则就煞风景了。

向性感女星学习性感的言语谈吐是一个不错的方法，把影片中性感女星迷惑的言语谈吐学下来，在适当的时候发挥出来，绝对有令人意想不到的效果；你甚至可以依照自己的音调不同，自创一套自己的性感语调，也是别具风格。

有些女性可能学不来性感的语调，或是对这种性感的“港台音”听起来就直打哆嗦，你也可以话不多的，用气音和鼻音发出“嗯”、“噢”的声音，也是够性感的了。

在工作中都不宜发出性感的语调，那会使场面突然尴尬；对于不想有进一步好感的异性，也不宜发出性感语调，否则会造成误解，给自己带来麻烦。

## 性感的气味

事实上每个人都应该为自己的气味负责，气味包括口气的味道和体味，有些女性体味比较重，有些女性则体味较淡，笔者虽是男性，也很重视自己的气味，但是闻不到自己的味道，不烟不酒的生活，使得身上没有难闻的体味。

朋友说当我没有喷香水的时候，身上有种“奶香”味，这可能是因为笔者每天早晨都饮用一杯纯牛奶的缘故。

每个人的体味都和饮食习惯有关，饮食、烟酒加上作息，左右了身上的体味，包括唾液、汗液和分泌物的味道，这些味道正是体内和皮肤表皮的细菌和身上的体液、皮屑等水分和蛋白质发酵后产生的，所以也有人说：“体味就像指纹一样，人人不同。”

笔者认识一位日本的调香老师，每天都饮用花草精油调合过的茶水，以至于身上散发出自然的花草香，她停留过的房间，翻过的书本，穿过的衣服，甚至是上过的洗手间，都散发着芬芳，即使是剪下来的头发也是香的，笔者怀疑老师是否连“嗯嗯“都是香的，不懂配方的读者千万不可轻易尝试。

要靠自己的体味来营造性感氛围、吸引异性，那实在太困难了，每个人都不敢保证自己身上会有自然芬芳的香味，所以必须借重香水，如今很多百货商场都有贩卖香水的专柜，但是习惯使用香水的人仍然不多。

年轻女性适合花香味的香水，因为花香型的香气清新，采用各种花香精油调制，就像春天的百花盛开；少女则适合果香味的香水，果香型味道清甜，有如置身果园；运动型美女适合草香味的香水，如薄荷、小野花等香水，有着自然和环保的气息。每位女性拥有一瓶以上的香水是不过分的。

# 性感带

性感带是指性刺激（请看下段解释）加诸在每个人的身体上而产生了性敏感的部位。每个人的性感带位置都不一样，因人而异，从头发到脚趾头都有，包括但不局限于性器官，因此性感带又可以解释为：经过性刺激后能让人产生性欲望，进而感到性兴奋，甚至到达性高潮的身体区域。

女性在少女时期就已经开始有性意识，那时会对异性产生性好奇，看见接吻或裸露的镜头时会脸红，洗澡或睡觉时会抚摸自己，隐约的发现身上的性感带；青春期时生殖系统已经发育成熟，会开始和异性交往，会产生性幻想，也有可能会开始自慰，进而确定的发现了自己身上有某些能让自己快乐起来的部位。

越早性成熟，性感带就越敏感；女性的性敏感部位比男性多，对女性而言，身体肌肤的每一处都是性敏感部位。想要激起女性的性欲，除了感官知觉的诱发外，肌肤的触觉是触动性感带最直接的方式。抚摸性感带可以让自己暂时得到心灵的慰藉，所以有些女性会在孤独或一阵忙乱后的短暂休息中抚摸自己。刺激性感带的主要方式是爱抚，轻轻地抚摸皮肤，不要太重，但也要达到一定的力度，此外还可以亲吻、舔、对性器官和耳朵吹气等方式，也可以激起女性的性欲。

女性最敏感的性感带：性器官（阴蒂、G点）、乳头、舌头、头部等部位；次敏感的性感带：头发、耳朵、嘴唇、颈部、锁骨、乳房、背部、肚脐、小腹、耻丘、臀部、大腿内侧、脚趾头等部位。

## 性刺激

女性受到来自于外界关于“性”的挑逗，也会产生性刺激，来源包括视觉、听觉、嗅觉、味觉、触觉，甚至是幻觉上的刺激，从而激起性冲动，谓之性刺激。

其实女性因为异性的性挑逗而产生性刺激的机率并不亚于男性，只是习俗和礼教约束了女性的冲动，通常是有过性快感或性高潮，而且又非常能享受性欢愉的女性，比较容易被性的挑逗引

起性冲动;如果又处于单身没有性伴侣的阶段,性冲动会隐忍到私密的情况下才发泄。

人类不同于其他动物,人类随时都可以有性的需求,所以人类没有特定的交配季节。给与适当的性刺激,如异性裸露的画面,包括来自电视、电影、电脑或书报印刷品的画面,及异性发出性欲望的呼吸声或求爱的言语、热吻、肌肤的磨蹭、爱抚,甚至是回忆等,都是属于的性刺激的范围。

## 性刺激反应

女性的性刺激反应包括:呼吸频率提高、血压升高、肌肉紧张、心跳加快、皮肤充血而泛红、瞳孔放大、乳房微胀、乳头勃起、阴蒂勃起、阴道壁和小阴唇充血湿润等 。

## 性幻想

性幻想又称春梦或意淫,通过大脑想象某些动作或画面等来达到使自己性兴奋的方式,通常透过成人漫画、成人影片及色情小说等媒介。性幻想可以达到一定的性快感,不过却只是幻想,不是真实存在的。

春梦是指将潜意识表现于性欲望的梦境中。例如在梦中和喜欢的异性有非常愉悦的行为,可能是拥抱、爱抚、亲吻、性行为、施虐与受虐等。

女性也会有性幻想和性梦的产生,成年女性在梦里与喜欢的异性或多个异性有肌肤之亲或性行为等等的梦境,通常是来自对喜欢的异性的思念或观看的情色影片或杂志等情色物品,很可能是因为被这样的情色内容所打动,而引起的性欲,在没有得到满足的发泄时,一般称为“欲求不满”,因此也会做性梦。

# 自慰

自慰又称自渎或手淫，通常指用手或其他道具刺激性器官而获得类似性行为的快感，并达到性高潮。在某些国家或地区，由于宗教的约束，自慰是一种犯罪或“犯教”的行为；在宗教约束比较薄弱或性思想开放的国家或地区，自慰被认为是健康的行为。

“淫”在中文中有“过多”、“沉迷”和“不正当”的意思，“渎”则有“不尊重”的意思，都属于贬义词。而现代医学认为这种行为只要有节制不过度，对身体是无害的。

有自慰习惯的女性并不少，比例和男性相当，自慰所使用的道具也琳琅满目，但由于自慰是被严格禁止讨论的禁忌话题，即使是面对闺蜜也羞于提起，因此女性无法得知自慰时该注意什么？

首先，自慰既然是禁忌而私密的话题，自然是选择私密的场所进行，最私密的地点，首推在自己的闺房中，但是有经验的女性往往会认为“户外”才是最刺激的地方，像公园、公共场所的洗手间、地铁等。在笔者咨询的女性当中，有位女性朋友说，她夜归的末班车是敞篷的双层巴士，徜徉在大城市的夜空下享受自慰的欢愉，是一种奇妙的体验。

自慰时要注意清洁，虽然自慰不像性行为那么容易感染性病或妇科疾病，但是不洁的手和道具却容易带来细菌，而使你感染，因此，自慰前还是必须洗手，道具必须经过清洗和消毒，或是给道具套上安全套，自慰后应清洗私处，如无法立即清洗，也必须先用湿纸巾擦拭外阴部，等回家后或能清洗时清洗。

从心理学的角度来讲，自慰是一种自我心理治疗的行为，属于人性心理的本能，所以不需要有心理负担，越是压抑越是会反弹；如果真的过不了心理负担这一关，那就洗澡的时候用莲蓬头的水柱冲吧，当做是洗澡带来的快乐。

温馨小贴士

在笔者的调查访谈中，女性自慰也是重要的调查项目，笔者发现虽然自慰是非常禁忌的话题，但是一旦打开话匣子，就能够得到源源不断的信息，男性反而没有女性放得开，怪不得在日本有些描写女性情欲的小说，作者和读者都是女性，也仍然很畅销。

# 性角色扮演

性角色扮演是指在性前戏中，尝试去改变自己，借扮演他人的角色，暂时改变自己的身份，配合性幻想，来获得新的性体验。扮演的方式有“角色还是自己，只是时空改变”，大部分情侣和夫妇喜欢这个方法。有位提供咨询的女性友人说，他们夫妻喜欢扮演陌生人，想象重新再和老公认识，重新再让老公追她一次，而且追求的方式每次都不同，去享受每次趣味的、新鲜的体验；也有扮演“喜欢的男女明星或cosplay的角色”的方式，有的情侣或夫妇会不惜花费，买自己平常不穿的服饰、道具，来扮演某明星或动漫中的角色；另有“不同职业人物”的扮演，比方扮演医生和护士、或护士和病患、导演和演员等；还有“扮演认识的人”，比方扮演同事、邻居或朋友等；另外还有“强奸”的扮演。笔者认为后两项的性角色扮演有点过了，一般是受到情色影片的影响所致。

# 性感写真

东方人拍摄性感写真来源于日本，因为日本是亚洲最早将成人电影合法化的国家，加上高度竞争的影视娱乐圈，不少新秀女星为了快速成名，不惜一脱；而社会上的女性感染到这样的氛围，敢于拍摄性感写真的女性也就越来越多了。

笔者认为日本的“风吕文化（洗澡文化）”也有助于推动拍摄性感写真，不少曾经拍摄过性感写真的女性都是因为在澡堂里看到年华老去，身材走样的女性，为了留住自己年轻时美丽的倩影，而拍摄了性感写真。

再加上近几年来数码相机的先进和普及，喜欢自拍的女性也快速增多了，而影楼也不同程度的推动拍摄性感写真，使得拍摄性感写真的风潮正逐渐蔓延中，有鉴于所谓“艳照门”事件，笔者建议女性将自己的拍摄好的性感写真锁在保险箱里，有需要看的时候再拿出来。

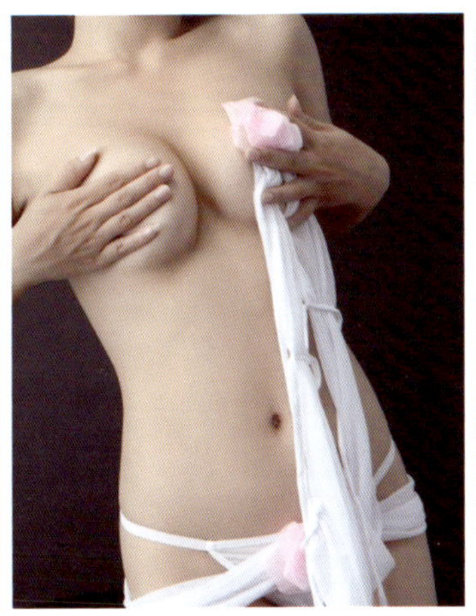

# 性感婚纱照

随着社会的发展、思想的开放和人们的艺术欣赏水平的不断提高，再加上有些性感明星的亲身体验，以及国外时尚电影杂志的影响，一些以 80 后、90 后为代表的新人们开始敢于尝试拍摄有裸露和亲密镜头的性感婚纱照。

要拍摄性感婚纱照一般会分开成两本相册，一本是可以公开的，一本则是不公开的性感婚纱照，一般新人都知道，亲友会看婚纱照，通常是在婚宴的时候，过了婚宴，会再看婚纱照的只有新人两个人，因此投入可公开的婚纱照的钱较少，投入不公开的婚纱照的钱比较多。

性感婚纱照分为新娘内衣照、新人裸体照和性爱照三种；现在很多内衣品牌都会推出新娘内衣系列，以融入婚纱元素，采用白色蕾丝做为素材，设计出的既有纯洁感又带着性感的新娘内衣，拍摄时以故意肩带脱落或裸露出部分肢体最为性感；新人裸体照则以女性全裸但三点不露为最多，一般因为考虑照片要公开或担心照片外泄，而选择三点不露，但如果没有考虑照片要公开，而且影楼对照片保密是可信的，三点全露甚至“五点全露”也无妨；性爱照则是此类婚纱照性感度最高的，通常以摆姿势但不露点为最多，但如果摄影师和摄影助理都是女性，而且保密的级数很高，还是有新人愿意尝试。

婚纱录影一直以来就以拍摄结婚的过程为主，从新郎家里出发开始，到新娘家被伴娘和新娘亲友的刁难和调侃，一直到婚宴结束。性感婚纱录影则以拍摄性感婚纱照时的侧写为主，加上每段拍摄的照片成果，以光盘的方式保存，非常具有纪念意义。

## 性选择

性选择是一个进化生物学的理论。此理论认为同一性别的个体（通常是雄性）对交配机率的竞争会促进性状（shape & properties 既有关生物的生殖或性欲的特性）的演化。一个物种内，一个性别（通常是雌性）对追求的一方（通常是雄性）就像有限的资源。性选择和生态选择不同之处在于生态选择的竞争是为了物种的生态延续。

此理论由提出进化论的查尔斯·罗伯特·达尔文在晚年提出。在原文中，达尔文将性选择和所谓“自然选择”分开。然而后人常常混用，将性选择也视为自然选择的一种，而将与性无关的自然选择归类为“生态选择”。

# 个人形象

个人形象指是一个人特有的外表、容貌或形象；社会学普遍认为个人的形象在人格发展及社会关系中扮演着举足轻重的角色，人类容貌的改变有一定的理论可做依循，主要取决于人类的遗传基因、年龄和病变等；但是外表和造型则随着年龄、社会阅历、际遇和成就而改变。

从心理学的角度来看，他人通过观察、聆听、气味和接触等各种感觉形成对某个人的整体印象，但有一点必须认识的是：个人形象并不完全等于“真实的”个人，同一形象也不等于只有一种认知，而是他人自己产生的对个人的外在感知，不同的人对同一个人的感知不会是完全相同的，因为它的正确性被人的主观意识所影响，因此在认知过程中在人的大脑中产生不同的形象。

相比起其他物种，人类对于自身外表的变化显得更加的敏感和在意，较热衷于修饰自己的外表和容貌，但在不同的文化里对美和丑的定义其实有满大的差异。

# 两性异形

两性异形是指同一物种在不同性别之间的外表有显著的差异; 包括体型、肤色(或外观色彩)、用作求偶或打斗的身体器官，如: 装饰羽毛、犄角、利爪和獠牙等。

人类的两性异形一直存有争论，尤其是在精神上的能力和心理上的性别角色的异同方面。(这些争议可参考两性生物学(biology of gender)，包括数理能力及性别的异同、单一性别和跨性别的异同。)

两性异化程度越高，单一性别的缺点便越多，逼使生物优先寻找优秀的异性结合，以弥补缺点，加速生育。男女之间明显差别包括生育的角色，及所有关于生殖的特征，尤其是内分泌系统和它在生理上和行为上的影响。

这些无可争议的两性差异包括生殖系统、性器官、乳房和毛发的差异。

有些生物学家提出: 一个物种两性异形的程度是和父亲参与养育孩子的程度成反比。高度两性相异的物种，如雉鸡，养育后代的工作都是由母雉鸡负责，公雉鸡是没有参与养育的。这可以解释为何人类的两性异形情形相对地少，因为人类父亲养育幼子的比例是灵长类中最高的。

两性之间的区别在于两性相异的行为，特别是两性竞争( 同性之间和异性之间和短、长期性战略 )。但是，这些行为在两性之间有很大程度的交叠。

青春期的男性比女性的新陈代谢率约高，女性倾向将能量转化为脂肪，因此在青春期的少女比较容易发胖，过了青春期又容易快速的瘦下来；而男性倾向将能量转化为肌肉和可转化的能量储备。一般而言，一个 18 岁男性和一个同年的女性相较，男性上半身的肌肉约重 50%，下半身的肌肉约重 10%~15%。而男性的骨骼和肌腱的密度和硬度都比较高。

男性比女性散热较快；是因为男性的汗腺较发达，而女性的皮下脂肪较厚，有较好的绝缘功效。所以女性的耐冷能力较高，对特别需要持久力的活动有较好表现；相对于需要爆发力的冲刺性活动，女性在这方面的表现却又不如男性，男性有比较粗的气管和支气管，肺容量高 30%。亦有较大心脏，红血球数量多 10%，高血红素，因此携氧量较高。较多流动凝血因子（维生素 K，凝血因子 2 和血小板）。这些因素令男性有更快的复合伤口的能力。

# 我的嫩白日记

当女性开始保养身体的肌肤时，会发现全身的肤色并不是全部一致的，比如脖子和肩膀可能肤色深点，乳房颜色又浅了一点，小腹的肤色比较淡，背部的肤色又比较深了。

每天用了很多时间和精力去美白和嫩白全身的肌肤，而且有些女性还很注重乳头和大小阴唇的肤色，但是在每天的努力之下，是不是能有所进展呢？这也是很多女性所关心的。

在此，笔者提供一组色卡给各位女性朋友们参考，一组是“肤色卡”，可以用来测试身体的肤色，另一组是“乳头色卡”，可以用来测试乳头、嘴唇和大小阴唇的肤色，如此进一步知道自己的肤色处在什么阶段，也能够预期下一步要达到的目标。

在每天测试后记录肤色目前所处的位置，假以时日，就知道自己辛苦保养的成果和进步有多大了。

在此先预祝广大的女性朋友们都能达到自己理想的目标。

印刷品或有色差，以颜色接近为准。

# 后记

《修炼性感女人》终于要上架了。

这本书从书稿到绘图、拍照等全部工作完成，历经了大半年的时间，这其中亲自访谈和电话访谈的女性友人超过了500位，每位女性朋友都或多或少地提供了生活上的种种经历，有的女性朋友甚至还参与了书中照片的摄影。但由于拍摄时不太了解图书图片的印刷要求，最后有很多照片都没有使用，很遗憾，没能为她们在书中留下美丽的倩影。

书稿完成后，笔者把书稿内容发给她们看了，提供修改意见的也有，按照书中的内容身体力行的也有，更多的女性朋友把书稿再转发给其他女性朋友分享。从这500位女性开始，再辐射到她们周边的其他女性朋友，笔者已经无法统计究竟有多少女性事先看过这本书的书稿，不过她们一致的反应都是“这本书非常好用”。

有了她们这句肯定的话，笔者觉得再多的辛苦，再久的等待都是值得的。

在访问，脸部保养的产品数不胜数，很多著名的老师也都在推荐各种品牌的脸部保养品，唯有身体的保养一直被忽略，而笔者从服装设计这个行业一路走来，一直在为女性服务，如今已决定跨足到美体的保养上来。正因为有句话说“有了好身材，才能穿出好看的衣服”，身体是衣服的载体，彼此还是有关联的。

女性读者们如果有美体方面的问题想找专家咨询，笔者很愿意为你们提供免费的服务，并希望能借由本书，成为广大爱美女性们的“闺蜜”。

最后，再次向曾经帮助过这本书出版的女性朋友们、插画师们、赞助厂商，以及出版社的朋友们说一声：你们辛苦了，非常感谢。

织锦纯平